青少年自然科普丛书

湖泊风光

方国荣　主编

台海出版社

图书在版编目（CIP）数据

湖泊风光 / 方国荣主编. —北京：台海出版社，
2013. 7
（大自然科普丛书）
ISBN 978-7-5168-0193-2

Ⅰ. ①湖…Ⅲ. ①方…Ⅲ. ①湖泊—世界—青年读物
②湖泊—世界—少年读物 Ⅳ. ①P941.78-49

中国版本图书馆CIP数据核字（2013）第130474号

湖泊风光

主　　编：方国荣

责任编辑：王　艳
装帧设计：视界创意　　　　　版式设计：钟雪亮
责任校对：张妍妍　　　　　　责任印制：蔡　旭

出版发行：台海出版社
地　　址：北京市朝阳区劲松南路1号，　　邮政编码：100021
电　　话：010－64041652（发行，邮购）
传　　真：010－84045799（总编室）
网　　址：www.taimeng.org.cn/thcbs/default.htm
E-mail：thcbs@126.com

经　　销：全国各地新华书店
印　　刷：北京一鑫印务有限公司
本书如有破损、缺页、装订错误，请与本社联系调换

开　　本：710×1000　　1/16
字　　数：173千字　　　　　　　印　　张：11
版　　次：2013年7月第1版　　　印　　次：2021年6月第3次印刷
书　　号：ISBN 978-7-5168-0193-2

定价：28.00元

目 录 MU LU

我们只有一个地球 ……………… 1

漫话湖泊

西湖原来是海湾 …………………3
太湖是怎样形成的 ………………4
黄河泛滥积水东平湖 ……………7
长白山天池是火山湖 ……………9
"火山博物馆"五大连池 ……… 11
地壳下陷形成鄱阳湖 …………… 13
青色的"海"——青海湖 …… 14
贝加尔湖海洋生物哪里来 ……… 18
冰原上哪来暖水湖 ……………… 21
泄出毒气的火山湖 ……………… 24

祖国秀水

西湖的自然景观 ………………… 29
太湖与江南水乡 ………………… 31
"浅水泽国"洪泽湖 …………… 34
山泉相辉的巢湖 ………………… 36
人工天成千岛湖 ………………… 38
人工而成的绍兴东湖 …………… 41
风景秀美的嘉兴南湖 …………… 43
金陵秀水玄武湖 ………………… 45

石头城下莫愁湖 ………………… 47
河道演变而成的瘦西湖 ………… 49
云水之间九鲤湖 ………………… 51
大草原上呼伦湖 ………………… 53
八面来水白洋淀 ………………… 56
颐和园中昆明湖 ………………… 58
湖广水秀的武汉东湖 …………… 61
鱼米之乡洞庭湖 ………………… 64
河谷水库松花湖 ………………… 67
"高山天镜"——镜泊湖 ……… 69
万顷碧波鄱阳湖 ………………… 71
神秘的九寨沟"海子" ………… 76
"高原之湖"——邛海 ……… 79
"高原明珠"——滇池 ……… 81
深而纯净的泸沽湖 ……………… 83
扎陵湖和鄂陵湖 ………………… 85
"瀚海明珠"——博斯腾湖 …… 87
桂林秀水——榕湖、杉湖 …… 89
宝岛上的日月潭 ………………… 91

环球名湖

世界最大的湖泊——里海 …… 95
神秘莫测的"死海" …………… 97

"雪山热湖"——伊塞克湖……100
世界第二淡水湖——维多利亚湖102
岛屿密布的坦噶尼喀湖………104
涨落有序的马拉维湖………107
沙漠中的图尔卡纳湖………109
形态多变的乍得湖………111
"北美地中海"——五大湖……113
西半球最大的大盐湖………118
高原明珠——的的喀喀湖……119
"石油湖"——马拉开波湖……121

奇湖异事

咸淡水各半的巴尔喀什湖………125
"水上菜园"茵莱湖………127
泰莱湖的怪物之谜………129
鄱阳湖沉船之谜………132
死海真"死"了吗………135
喀纳斯湖中的"水怪"………137

尼斯湖底巨兽之谜………140
奇妙的圆锥形湖泊………146
各呈异彩的三色湖………147
壮美的火山湖………148
充满神秘色彩的"鬼湖"………149

湖与生灵

我国的天鹅湖………153
日内瓦天鹅湖——莱蒙湖………154
黑颈鹤的天堂——草海………155
向海里的丹顶鹤………157
千岛湖上的猴岛………159
我国的人工鳄鱼湖………161
水鸟之乡——兴凯湖………162
贝加尔湖的生态环境………164
北极熊栖息地——大熊湖………166

参考书目………167

湖泊风光

我们只有一个地球

方国荣

巨人安泰是古希腊神话中一个战无不胜的英雄，他是人类征服自然的力量象征。

然而，作为海神波塞冬和地神盖娅的儿子，安泰战无不胜的秘诀在于：只要他不离开大地——母亲，他就能汲取无尽的能量而所向无敌。

安泰的秘密被另一位英雄赫拉克勒斯察觉了。赫拉克勒斯将他举离地面时，安泰失去了母亲的庇护，立刻变得软弱无力，最终走向失败和灭亡。

安泰是人类的象征，地球是母亲的象征。人类离不开地球，就如鱼儿离不开水一样。

人类所生存的地球，是由土地、空气、水、动植物和微生物组成的自然世界。这个世界比人类出现要早几十亿年，人类后来成为其中的一个组成部分；并通过文明进程征服了自然世界，成为自然的主人。

近代工业化创造了人类的高度物质文明。然而，安泰的悲剧又出现了：工业污染，动物濒灭，森林砍伐，水土流失，人口倍增，资源贫竭，粮食危机……地球母亲不堪重负，人类的生存环境遭到人类自身严重的破坏。

人类曾努力依靠文明来摆脱对地球母亲的依赖。人造卫星、航天飞机上天，使向月亮和其他星球"移民"成为可能；对宇宙的探索和征服使人类能够寻找除地球以外的生存空间，几千年的神话开始走向现实。

然而，对于广袤无际的宇宙和大自然来说，智慧的人类家族仍然是幼稚的——人类五千年的文明成果对宇宙时空来说只是沧海一粟。任何成功的旅程都始于足下——人类仍然无法脱离大地母亲的庇护。

美国科学家通过"生物圈二号"的实验企图建立起一个模拟地球生态的人工生物圈，使脱离地球后的人类能到宇宙中去生存。然而，美好理想失败了，就目前的人类科技而言，地球生物圈无法人工再造。

英雄失败后最大的收获是"反思"。舍近求远不是唯一的出路，我们何不珍惜我们现在的生存空间，爱我地球、爱我母亲、爱我大自然，使她变得更美丽呢?

这使人类更清晰地认识到：人类虽然主宰着地球，同时更依赖着地球与地球万物的共存；如果人类破坏了大自然的生态平衡，将会受到大自然的惩罚。

青少年是明天的主人、世界的主人，21世纪是科学、文明、人与自然取得和谐平衡的世纪。保护自然、保护环境、保护人类家园是每个青少年义不容辞的职责。

"青少年自然科普丛书"是一套引人入胜的自然百科和环境保护读物，融知识性和趣味性于一炉。你将随着这套丛书遨游太空和地球，遨游海洋和山川，遨游动物天地和植物世界；大至无际的天体，小至微观的细菌——使你从中学到丰富的自然常识、生态环境知识；使你了解人与自然的关系，建立起环境保护的意识，从而激发起你对大自然、对人类本身的进一步关心。

◎ 漫话湖泊 ◎

　　地壳的下陷、江河的冲刷、海水的倒灌——湖泊，就在或激烈或缓慢的地表运动中产生了。

　　湖泊是"陆上的海"，无论是人类还是水生物、湖边的动植物，千万年来都受到她的恩泽……

西湖原来是海湾

西湖位于浙江省省会杭州市，杭州市地处浙江省内最大的河流钱塘江下游的北岸，长江三角洲南缘。西靠浙西山地，东濒杭州湾，是钱塘江南北交通的要冲，地理位置十分重要。

杭州是我国七大古都之一，长期以来就是东南部的经济、文化和政治中心，有"人间天堂"之誉。气候温热湿润，属中亚热带，四季分明。年平均气温16摄氏度左右，年降水量1400毫米左右，各季的分配较均匀。美丽的西湖和名城杭州相得益彰。

早在隋唐时代，因湖在钱唐县境内，称钱唐湖，后改钱塘湖。又以湖在城西，乃称西湖。北宋时，苏轼在诗中把西湖比作美女西施，"欲把西湖比西子，淡妆浓抹总相宜。"自此西湖又称为西子湖。

西湖从成因上看是一个海迹湖。据地质和古地理研究，距今约一万年前的第四纪末期，西湖和杭州都还淹没在海水中。这里是和钱塘江相通的一个浅海湾。从西面逶迤而来的天目山群峰环抱这个海湾。今西湖北面的宝石山和南面的吴山就是当年这海湾的南北两个岬角。

在漫长的岁月中，由海潮和钱塘江、长江携带来的泥沙，受这两山之阻，在海湾口两侧滞留下来，形成了两个沙嘴，后来这两个沙嘴连接在一起，把海湾隔断了，内侧形成一个潟湖，这就是西湖的前身。

春秋战国时期，今杭州市区仍是海潮出没的沙洲，至西汉前期，西湖还与江海相通。汉后期筑成大塘后，西湖始与海潮隔断，且同钱塘江分开，从此才开始其独立发展。湖水承受了周围山地上下来的溪泉的补给和冲洗，逐渐淡化而成为淡水湖。

早期西湖的面积比现在要大得多。唐代白居易任杭州刺史时，在钱塘门外筑捍湖堤，以蓄水灌田，白居易就是发挥了西湖的这种功效而备受人民爱戴的。

太湖是怎样形成的

浩浩荡荡、水天一色的太湖，是我国东部近海地区最大的淡水湖。从20世纪初起，就有不少中外学者在研究长江三角洲发育模式的同时，先后探讨过太湖的成因，如我国地理学家丁文江、竺可桢、汪胡桢、陈吉余和外国学者海登斯坦、费斯曼等人。

由于在湖区地下发现有湖相、海相沉积物等，所以60年代以前，众多学者一致提出太湖是通过"海湾-潟湖-内陆淡水湖"演化而来的。

在距今约1.5万年前，最后一次冰期结束，气候转暖，冰川大量融化，海平面上升，使今天的长江三角洲沦为大海湾，海浪直拍太湖西岸的茅山和天目山麓。大约在6000年前，由于长江和钱塘江夹带大量泥沙在河口不断堆积，形成南北两条长的冲积沙嘴，最后连接起来，把古海湾封闭围成潟湖，再逐渐淡化。

学者陈吉余等在《长江三角洲的地貌发育》(1959年)一文中认为："被长江的南岸沙嘴和钱塘江北岸沙嘴包围下的太湖地区，从最初的海湾的形态，逐渐形成了潟湖的形式。最后从潟湖变为和海洋完全隔离的湖泊。"

根据这种观点，古太湖之水来自海洋，它的范围比今太湖大好几倍。以后因泥沙淤积，加上人们不断地排水围垦，大片湖面变成耕地，从而形成、分化一系列小型湖泊，太湖是其中遗留下来最大的一个。

60年代前后，考古工作者在太湖周围特别是东太湖地区，发现了几十处新石器时代遗址。它们普遍被掩埋在地面下数米，有很多位于潟湖相的深积物之下。在不少湖泊的底下也发现了新石器时代以至汉、唐、宋的文化遗物。

如果6000年前古太湖面积比今日大，这些古文化遗址将无法解释。许多人因此提出，太湖平原大部原为陆地，所以古代居民能够在此聚居生存。

至于太湖包括东部诸多湖泊的形成和扩大，就有多种看法。魏嵩山等专家认为，当地古代志书上多有某年代某陆地沉没为湖的记载，他们推断主要是历史时期局部地区的不等量下沉，形成今日的多湖沼平原。褚绍唐指出，地层下陷当与地震有关，但历史上东太湖地区并未见有强烈地震的记录。他认为距今6000-7000年以前，主要由于海平面的波动上升，海水从太湖外泄的三河水道（东江、娄江、松江）步步侵入太湖平原，才将古文化逐层淹没，所谓某些湖泊的下沉当是海平面相对上升的反映。

复旦大学历史地理学者则撰文说：由于泥沙淤积，晋以后东江下游首先埋灭，唐宋以后松江、娄江也相继淤浅，造成太湖水系下游排泄不畅，上游洪水流经低洼地的若干河段，渐渐壅阻成湖，以北宋后期太湖湖面为最大。赞成此说的也大有人在，如曾昭璇《中国的地形》一文说："所以太湖形成是个'壅塞湖'，即长期积水所致。"

至80年代中期，陈月秋又发表《太湖成因的新认识》一文，认为太湖是构造湖。他根据新的钻孔资料说明6000-7000年前太湖地区地层是陆相或湖相的，没有海相沉积，以前发现的海相微体化石是随江水潮流流入所致。他还反复研究了古海岸线位置、地形形态、考古材料和历史文献等，证明太湖在全新世时没有遭到过海水侵入，从而彻底否定了传统的潟湖论。

他认为，距今1.8亿年前的印支运动和距今0.7亿年前的燕山运动，奠定了太湖坳陷盆地的地质基础；在距今200-300万年的新构造运动影响下，太湖盆地继续处于不断沉降过程中，并且是作西高东低的倾斜式下沉，而发源于太湖西部山区的苕溪、荆溪等不断流向东部的低洼盆地，便积水形成太湖，并逐渐扩大。

南京地理研究所湖泊沉积研究室的科研人员后来又提出了"风暴湖流涡动侵蚀成湖"的新观点。他们从大量实地调查发现，太湖具有一个侵蚀而成的岸陡底平的浅圆形湖盆。湖面上经常出现强大的风暴流，最大风速可达30米/秒，湖水流速每秒大于1米。风暴流和湖水流是东亚高空的台风和寒流作用的产物，它们共同对湖盆与湖岸进行侵蚀冲刷，逐步拓宽水域，形成现代太湖。现代太湖比2000多年前的吴越时期的太湖大750平方公里。

该研究所通过历时3-4年的仪器探测和湖中钻探等方法，还取得了太湖地质的第一手资料。证明太湖湖底主要由长江三角洲泛滥冲积层组成，属黄粘土硬底，真正的海相沉积位于黄粘土层之下，因此他们同样彻底否定潟湖说。但他们认为，主要是由于历史上长江水系南移，造成内涝外灌，排泄不畅，才在地势较低的冲积平原上，逐渐形成了太湖。

1988年8月，国家地震局地质研究所副所长何永年在中科院主办的世界科技讨论会上提出太湖是个古陨石冲击坑，因太湖西岸呈平滑圆弧状，这是陨石冲击坑形态上常有的特征。但他也承认，太湖成因还有待进一步研究。

黄河泛滥积水东平湖

　　东平湖，东起山东省东平县，北到平阴县，西面与黄河相交，形状略呈锤形。夏季丰水期，湖面面积约153平方公里，枯水期约为100平方公里，是一个常年蓄水的浅水湖，也是古梁山泊的残余部分。

　　1958年，在梁山、东平之间修建了东平湖水库，使东平湖的湖面向西南方向扩展了418平方公里。新老湖面积共627平方公里，水波浩渺，平湖连天，一派水乡风光。梁山耸立于华北大平原与鲁西南大平原之间，北枕黄河，东靠京杭大运河，大汶河和宋金河也流经这一地区。这些大河和东平湖、南旺湖一起构成了梁山地区山河交错，湖河相连，山中有湖，湖中有山的地理形势。

　　据史书上记载，梁山泊原系大野泽的一部分。由于黄河泛滥，河水注入，使湖面逐渐扩大，形成方圆八百里的一个大水泊。梁山群峰就耸立于港渚交错、芦洲纵横的水泊之中。

　　从五代到北宋末，黄河有三次大的决口直接影响梁山泊。这三次决口，一次是公元994年，即后晋开运元年；另一次是北宋天禧三年（公元1091年）滑州河决；再一次就是熙宁十年（公元1077年），黄河又一次大决口，"灌州县四十五，坏田逾三十万顷"。梁山泊由于多次被溃决的黄河水灌入，面积逐渐扩大，直至达八百余里。辽阔的水泊，复杂的地形，为当年的农民起义军提供了良好的活动场所。其后，由于泥沙沉积，湖底升高，沧海终于变成桑田，茫茫水泊淤积成坦荡的平原。只有东平湖，作为古代梁山泊遗迹，还像个湖泊的样子。近年来，在梁山周围不时挖到当年水泊的遗物，如宋代瓷片、古莲子等。从古河道中曾发掘出一条七丈多长、完好无损的木制兵船，船里有铜铳、宝剑、宝刀、盔甲等物。

　　东平湖青山环拥，湖面开阔，盛产各种淡水鱼类和水生植物。主要经济鱼类有鲤鱼、鲫鱼、黑鱼、毛刀鱼和甲鱼等十余种，而以金色鲤鱼和毛刀鱼最为有名。虾类、蚌类、螺类也很丰富。蒲草、芦苇满湖，春草翠，秋金黄，既是一种经济来源，又是一种赏心悦目的旅游景观。而湖中盛产的金色鲤鱼，色美、味鲜、肉细，据说梁山头领最爱用它做"醒酒汤"。

在东平湖及梁山附近地区遍布水浒故事遗迹，形成了中国古典文学名著"水浒之旅"，令慕名而来的旅游者情趣倍增。

梁山由虎头峰、雪山峰、青龙山、郝山头四个主峰和一些余脉组成。虎头峰是梁山的最高峰，海拔197米。四周危崖壁立，当年水浒英雄的大本营"宋江寨"和"聚义厅"就在崖巅。以卵石和石块垒成的两层寨墙，断续可见。寨中央有聚义厅遗址，厅旁巨石突起，上有碗口大的石窝，传为起义军树立"替天行道"杏黄旗的旗杆石。如今，山寨上还可以捡到东汉时期的筒瓦和板瓦残片，可见远在宋江起义之前，山上就有庙宇房舍。

雪山峰东南麓有明代抗倭僧人西竺和尚墓塔及唐代莲台寺遗址，此处果木成林，春日梨花、杏花盛开，一片雪海。人称"雪花莲台"，成为梁山著名一景。

棘梁山，又名司里山。濒临东平湖，烟波浩渺，山色秀丽。传为水浒故事中晁盖起义初期的根据地，与梁山南北遥望。山上有聚义厅、演武场、旗杆石等遗迹。

腊山，又名岱峰。东临东平湖，海拔258米。山势奇特，怪石突兀峥嵘，翠柏苍松，或横生绝壁，或倒挂岩隙。寺庙、殿宇依山势而建。登临山顶，远眺东平湖，绿水寒烟，云山浩茫气派非凡。

东平湖独特的自然景观和人文资源，正在进一步地开发利用，这里已成旅游胜地，在此漫游，思古怀今，心随湖水共悠悠，真是别有一番滋味在心头。

长白山天池是火山湖

　　长白山天池是火山喷发后自然形成的山湖，是松花江之源，它像一块瑰丽的碧玉镶嵌在雄伟壮丽的长白山群峰之中。

　　长白山天池在长白山巅的中心点，群峰环抱，实际湖面高度为2194米，是我国最高的火山湖，天池的湖水面积为9.8平方公里，湖水平均水深204米，最深处达373米，是我国最深的湖泊。

　　长白山天池的形成与火山活动密切相关。长白山是古华夏大陆的一部分。大约在6亿年以前，是一片汪洋大海。从元古代到中生代，地球经历了一系列造山运动后，海水终于从这片几经沧桑的古陆上退走。长白山地区的地壳发生断裂、抬升，地下流出的玄武岩浆液，沿着地壳裂缝大量喷出地面，揭开了长白山火山喷发的序幕。在距今一百万年的地质年代里，长白山地区先后发生过多次规模较大的火山喷发，形成了以天池为中心的、呈同心圆状分布的庞大火山锥。从16世纪至今曾有过三次喷发，时间是公元1597年、1668年、1702年。火山喷发停熄，火口潴成湖。长白山天池就是这样演变而来。

　　当时，火山喷出的物质堆积在火山口周围，使长白山山体高耸成峰，共有16座奇峰环峙，俨若威武剽悍的斗士，依天傲立，拱卫着一泓湛蓝晶莹的池水。这澄澈的湖水仿佛一面巨大的一尘不染的明镜，映照着蓝天白云。十分壮丽，令人叹为观止。

　　长白山天池被巍峨陡峻的16峰环抱着，16座奇峰嵯峨耸峙，姿态各异，座座虎踞龙盘，气势雄浑。天水相连，云山相映，倒映在湖水中的岚姿云影是一幅绝妙的泼墨丹青，简直美妙无比。

　　长白山天池由于高度较大，气候多变，风狂、雨暴、雪多是它的特点。它有长达10个月的冬季，湖水冻结的时间达6个月之久。当风力达5级时，池中浪高可达1米以上，如同任性少女发怒，平静的湖面霎时狂风呼啸，砂石飞腾，甚至暴雨倾盆，冰雪骤落。这瞬息万变、虚无缥缈的风云，为长白山天池增添了无限的神秘感，显示了长白山天池的独特个性。

长白山天池北端有一地势低下处，称为闼门，是池水出流的惟一缺口，宽约二三十米，形成一条天然水道，即乘槎河，又名天河。到1250米尽头时，便轰然跌下68米高的断崖，形成雷霆万钧、虹霓霞雾的长白瀑布。

长白山天池是火口湖，它的形成距今不过一万年，最后一次火山喷发是在1702年。池水由高温慢慢变凉，从无生物渐渐到适宜生物生长，由于这段时间太短暂，所以如今，天池中除少量低级浮游生物外，还没有鱼类生存。

长白山天池光彩照人，与山石相配合而形成的和谐之美，更给长白山天池增添了无限风采，使游人流连忘返。

"火山博物馆"五大连池

在我国北疆的讷谟尔河支流的白河上游有5个犹如蓝色串珠似的湖泊，这就是著名的五大连池。

五大连池原是白河的河道，1719～1721年期间，由于火山喷发，大量熔岩外溢，熔岩占据了白河河谷，使白河向东推移，并把新的河谷隔断，形成了五个湖泊。

五大连池是我国仅次于镜泊湖的第二大火山熔岩堰塞湖。由头池、二池、三池、四池和五池组成，总面积18.47平方公里。其中三池最大，面积8.4平方公里；头池最小最浅，面积仅0.18平方公里，水深2米；二池最深，达9.2米。湖水清澈，碧波荡漾，好像五颗晶莹夺目的宝石，被白河串连起来，由北向南缓缓流淌。

五大连池的周围有14座互不相连的火山，它们占据了1200平方公里的熔岩台地，这就是素有"火山博物馆"之称的五大连池火山群。在五大连池风景区，湖泊与火山共同组成了奇异的风光。

大约69万年前，是五大连池火山群形成的始端。当时，火山猛烈爆发，岩浆大量溢流。在漫长的地质年代里，经过长期、断续、复杂的一系列地质作用，形成了11座盾形火山和14座复式火山，以及大面积的熔岩流。盾形火山外像古代作战用的盾牌，它规模小，山势宽缓，盾顶有火山口。复式火山是先形成了盾形火山，又在其上叠加了一个或几个由于喷发形成的火山锥。这种火山规模大，分布广，远远望去像金字塔。

最近的一次火山活动在1719～1721年。喷发之时，景象十分壮观。据记载：当时，地中忽然出火，石块飞腾，声震四野，数日后火熄。第二次喷发，威力更强，其声如雷，昼夜不绝，其飞出者皆黑石硫磺之类，经年不断，竟成一山。在这两次烟与火的孕育下诞生了老黑山和火烧山，也诞生了五大连池。

11

在老黑山周围，覆盖着岩浆凝成的大片黑色岩石，绵延几十里，十分壮观。这是令人瞩目的奇观之一：石龙台地，俗称"石海"。它的确是石的大海，无际的海面上，有纤细的微波；有汹涌的巨浪；有突起的洪峰；只不过它们均在一瞬间被凝固了。在这石海石浪之中，火山群宛如怪石嶙峋的奇岛。细看石龙台地的表面，是各种熔岩造型，可谓变化万千。有巨龙天降，黑龙奔腾之势；象鼻状熔岩流，俨然象鼻吸水；最珍贵的火山地貌是一座座高耸如塔的喷气锥、浑圆而浅阔的喷气碟。

老黑山顶峰，视野开阔，其余13座风姿各异的火山锥尽收眼底，蓝天白云之下，五大连池波波相映，池池相连。加上与它们水脉相通的药泉湖、月牙湖，宛若一串明珠镶嵌在火山之间。粗犷与温柔，黑褐与翠绿，反差强烈，刚柔相济。别有一番天地。

五大连池火山群分布之集中，地貌保存之原始，地质现象之齐全，在国内外都属罕见，常使地质学家们叹为观止。

五大连池有丰富的矿泉水资源，泉水清澈透底，并有气泡泛出，喝来清凉、甘辛，有神奇的疗效。如今已建立起矿泉水疗养区，皮肤病、胃病、神经衰弱症、高血压等患者慕名而来。

五大连池山水相依，得天独厚。波光粼粼的池水可以泛舟、垂钓。湖中生长着鲑鱼、雅罗鱼等20多种鱼类。其中鳌花鱼是五大连池珍贵的鱼种之一，个体大，每条重3公斤以上，肉嫩味鲜美。

五大连池火山群独特火山形貌是考察旅游的佳处。五大连池特殊的自然景观，更是旅游、疗养者的天堂。

地壳下陷形成鄱阳湖

　　鄱阳湖是怎样形成的？大约在距今200万到300万年前的时候，继喜马拉雅运动以后，地球又发生了一次剧烈的新构造运动，中国东部地区普遍发生地壳下沉，当时江西北部的九江一带地壳也在陷落，形成一个巨大的凹地。随后，凹地逐日潴水，便形成了范围几乎与今日鄱阳湖平原相当的"大海"——彭蠡泽。当时，湖水沿着赣江故道，在彭泽附近注入长江。后因气候冷暖的变化，在大冰期时，彭蠡泽面积一度大为缩小。后来随着地处湖口－星子大断裂带的江湖分水岭被凿通，形成通江港道，彭蠡泽的水便改道由湖口汇入长江。到距今6000-7000年前时，全球进入冰后的温暖时期，海水相对上升，海浸范围扩大。长江受海水抬升和顶托，江水受阻，造成沿江平原上的洼地潴水成湖。赣江、抚河、信江、修水、饶河的来水受阻，停积在鄱阳湖盆里，在原彭蠡泽的基础上，逐渐演变成了今日的鄱阳湖。

青色的"海"——青海湖

青海湖是中国最大的咸水湖，也是中国最大的湖泊。它位于中国青海省东北部，距省会西宁市80多公里的青藏高原上。

青海湖古称西海，又称鲜海或仙海，隋时称青海，唐代以后广泛使用此名。

青海省就是因为境内有青海湖而得名。青海湖浩瀚的湖面，像一面碧绿的镜子，映着朵朵浮动的白云，肃穆地镶嵌在群山雪峰之中，水天一色，浑然一体。中国古代的羌族、吐谷浑族、藏族、汉族以及蒙古族等，都先后在这里生活过。他们既受青海湖的哺育，又开发着青海湖区。

青海湖环湖周长360公里，东西最长处106公里，南北最宽处63公里，面积达4456平方公里，湖面东西长，南北窄，略呈椭圆形，好像一片肥硕的白杨树叶。它的最大深度为32.80米，总蓄水量约1050亿立方米，湖水微咸带苦，比重低于海水，略高于淡水，每升湖水含盐量为12.5克，属咸水湖。湖面海拔高度3195米，湖水温度较低，冰冻期有4个月之久。湖中耸立着一些小岛，如海心山、海西皮、沙岛、鸟岛、三块石等。从而构成一个湖中有岛，水中鱼群游回，岛上万鸟栖息，湖滨青山连绵，山水相连，碧波接天的绚丽世界。

青海湖地处青藏高原，这里地域辽阔，草原广袤，河流众多，水草丰美，湖的四周被四座高山所环拥：北面是崇宏壮丽的大通山，东面是巍峨雄伟的日月山，南面是逶迤连绵的青海南山，西面是峥嵘嵯峨的橡皮山。举目环顾，四座高山犹如四幅天然屏障。从山下到湖畔则是苍茫无际的千里草原。碧波连天的青海湖就像一个巨大的翡翠玉盘镶嵌在高山、草原之间，构成了浓墨重彩的西部风景画。

在号称世界屋脊的大高原上，怎么能形成这样一个大湖呢？关于青海湖的形成，流传着许多动人的故事。

有的传说，当年文成公主在进藏途中，行到日月山中，思乡之情油然而生，泪水汇成了这蓝色的湖。

还有的神话说，孙悟空大闹天宫，二郎神追赶到此，在神泉眼上喝水，忘了盖上石板，从此神泉滚滚涌出，汇成了青海湖。

其实，青海湖的形成和变迁，是大自然的杰作。早在两亿三千万年前，青海高原还是一片浩瀚无边的古海洋。那时候，海水汹涌澎湃，跟现在的太平洋、地中海是连在一起的。200万年前，剧烈的造山运动使得这片古海逐渐隆起，一跃形成了世界屋脊——青藏高原。海水被逼走，有的被四周的高山环绕起来，形成了大大小小的湖泊。青海湖就是被山脉堵塞而成的一个巨大湖泊。当时，它是一个外流湖，周围100多条河流注入湖中，同时，湖水又从东面注入黄河，流进东面的海洋。后来又经过演化，青海湖由一个外流湖而变成了闭塞湖。大约距今100万年前，地质年代的第四纪，在青海湖东面有个日月山，发生强烈隆起，拦截了青海湖出口，原来从青海湖向东流出的河流，被逼得向西流入青海湖，而成一条自东朝西的倒淌河。一直到现在，青海湖还是一个流水只入不出的闭塞湖。

青海湖位于西北气候干燥地区，湖水蒸发量大于湖水注入量，因此，湖水不断下降，湖面逐渐缩小，距今1万年前，青海湖水比现在要深80多米，面积要比现在大1/3。历史上曾有过青海湖"魏周千里，唐八百余里"的记载。这说明青海湖一直处于萎缩的趋势。

青海湖刚形成时是个淡水湖，后来才逐渐变成咸水湖。为什么湖水会变呢？这是因为青海湖湖水逐年浓缩，所含杂质不断增加，慢慢咸化所造成的。

青海湖畔有着辽阔的天然牧场。在遥远的古代就是重要的畜牧业产地，尤以养马业更为发达。从唐代开元年间起，唐朝与吐谷浑、吐蕃就在日月山进行茶马交易，以后又专门在青海设置茶马司。

青海湖的美是原始的，不经雕琢的自然之美。它具有高原湖泊那种空阔粗犷、质朴、沉静的特征。在不同的季节，青海湖的景色迥然不同。夏秋之际，湖畔山青草绿，水秀云高，景色十分绮丽。五彩缤纷的野花把芳草茵茵的草原点缀得如锦如缎，膘肥体壮的牛羊和骢马似珍珠洒满草原。寒冷的冬季，牧草一片枯黄，青海湖开始结冰，浩渺的湖面冰封玉砌，一泓澄碧的琼浆凝固成一面巨大的宝镜，在阳光下熠熠闪光。

青海湖不仅具有高原湖泊那种辽阔、明媚、雄伟、恬静的特征，而且还蕴藏着巨大的生物资源——湟鱼和各种鸟类。

湟鱼是一种没有鳞的鲤鱼，又名裸鲤。这种鱼，身子又肥又长，肉嫩，脂肪多，味道极其鲜美，是一种稀有鱼类。它只产在青藏高原的一些河流和湖泊中，湟鱼个体比较大，大的每尾有5公斤左右。它是一种杂食性鱼类，湖中藻类植物和各种浮游动物，都是它的主要食料。自青海湖建立了渔场以后，湟鱼平均年产量在两万吨以上。湟鱼是青海的一笔巨大财富，如果有机会到青海湖游览，一定可以品尝到鲜美无比的大湟鱼。

青海湖中分布着五个美丽的小岛，其中的海心山和鸟岛都是著名的游览胜地。海心山面积不大，约1平方公里，高出湖面约70米。岛上岩石嶙峋，林木葱茏，风光旖旎。自古以产龙驹闻名，因此，又名龙驹岛。

著名的鸟岛是群鸟聚会之所，数以十万计的各种候鸟一年一度来此欢度盛夏，是青海湖得天独厚、引入注目的地方，成为青海湖的一大奇观绝景。鸟岛状似蝌蚪，位于湖的西北隅，南北长约500米，东西宽约150米，面积为0.11平方公里，东南高而西北低，最高点高出湖面约10米。周围众多的湟鱼，配上暖季适宜的气候，使这里成了十多种候鸟的王国。每年3~4月，一年一度来鸟岛欢度盛夏的鸟有：美丽的凤头潜鸭、欢快的云雀、优雅的黑颈鹤以及斑头雁、鱼鸥、棕头鸥、鸬鹚等十几种候鸟。它们按照祖先开辟的航线，毅然地离开了明媚的南方，经过数千公里的长途迁飞，成群结队地来到这里，鸟群此起彼落，把整个小岛遮盖得严严实实。鸟起飞时会遮天蔽日，落下时铺天盖地，十分壮观。

鸟岛上的候鸟，在岛上谈情说爱，欢度它们美好的蜜月，接着生儿育女。这时岛上鸟声鼎沸，充满着无限的生机。孵卵季节，满岛遍布鸟巢和鸟蛋。密集的地方，几乎没有下脚的间隙。这时的鸟岛是一片欢腾的鸟的世界。天上地下全是鸟的繁忙身影。有的衔草，有的啄泥，有的含毛，雌鸟伏在窝里孵卵，雄鸟警惕地守卫在旁。经过20多个昼夜的孵化，雏鸟相继出壳。跟在自己的双亲后面摇摇晃晃，叽叽喳喳，全岛一片生气勃勃的景象。

如今，青海湖中的鸟岛已成了闻名的游览胜地。无数游人为壮丽的鸟岛风光和奇特的水禽生活而吸引，专程前来观光那千鸟齐飞、万鸟齐鸣的壮观景象，感受禽鸟天堂的平和安逸与大自然的美妙。青海湖有许多奇观绝景，是大自然赐予的瑰丽珍宝。

贝加尔湖海洋生物哪里来

照前苏联地理学家贝尔格院士的说法，贝加尔湖是"自然界在一切方面的奇迹"。

这个不同寻常的湖泊位于中西伯利亚高原南部，是世界上最深和蓄水量最大的淡水湖。湖面面积3.15万平方公里，居世界第88位；但平均深度有730米，很多地方超过1000米，最大深度1620米。蓄水量23.6万亿立方米，约占世界地表淡水总量的1/5，相当于92个亚速海，也超过了波罗的海的海水总量。湖中拥有极其丰富的鱼类和其他生物资源，已经研究过的动物超过1200种，植物超过600种（也有报道说它拥有2750多种生物），其中特种生物有1083种，这在全世界的湖泊中也独占鳌头。

最使科学家们感兴趣和难以理解的是湖中生物具有不同凡响的三个特点：

第一，这里的生物具有古老性，许多生物在西伯利亚的其他江河湖泊里都找不到踪迹，只有在几千万年甚至几亿年前的古老地层里才有类似的化石。

第二，这里有不少生物，要到相隔甚远的热带或亚热带的个别地方，才能发现它们的同种或近亲。例如一种藓虫，它的近亲生活在印度的湖泊里；一种水蛭，相隔万里出现在中国南方的淡水里；这里盛产的一种长臂虾，只有在北美洲湖泊里有它的同种；还有一种蛤子，除了贝加尔湖外，仅栖息在南斯拉夫和阿尔巴尼亚交界的奥赫里德湖。

第三，贝加尔湖水一点儿咸味也没有，可是湖中却生活着许多地地道道的"海洋生物"。不管在什么湖里，也找不到在贝加尔湖中所能见到的那种有1-1.5米高的海绵，它们长成浓密的"丛林"。数不清的外貌奇特的贝加尔龙虾，就躲藏在密密的海绵丛林里生长繁衍。奥木尔鱼，同海洋里的鲑鱼几乎一模一样。最使人惊讶的是湖里还栖居着一种哺乳动物——贝加尔海豹。

贝加尔究竟是海还是湖呢？假如是湖，为什么生活着"海洋生物"？假如是海，为什么蓄的是淡水？19世纪后期的俄国科学家认为：地质史上贝加尔湖是和大海相连的。以后许多动物学家和古生物学家也都认为这些海洋性生物是从古代的海洋进入贝加尔湖的。1928年，前苏联科学院在这里成立了贝加尔湖泊考察站，进行了大量的调查、考察和研究活动。考察站负责人维列夏金根据古生物和地质材料推测，中生代侏罗纪时的贝加尔湖以东地区，曾有过一个浩瀚的外贝加尔海。后来由于地壳变动造成海退，但还是留下了宽广的内陆湖泊。随着雨水、河水的不断加入，原来的咸水渐渐淡化。后来它们再次遭到海侵，又向西移动，到达现在的贝加尔湖地区，并分散成一系列由河流连着的湖泊群，贝加尔湖就是其中的一个。今天见到的"海洋生物"，便是当年外贝加尔海来不及撤退的海洋生物的遗种，沿着由河流连接的湖泊系统，由东向西迁移入贝加尔湖的。其他湖泊后来变得很小或者消失了。

另一位科学家科若夫同意维列夏金的海洋生物经湖泊群系统移入贝加尔湖的观点，但他认为这些海洋生物来自西面的古地中海。古地中海的范围比目前的地中海大得多，在中生代和第三纪前半期曾把辽阔的欧亚大陆北部和南部分离开来。后来发生地壳运动，古地中海东段隆起成陆，不过在中亚细亚少数残余的湖泊（如里海、咸海）和河流中，至今还能找到不少源自海洋的生物。古代贝加尔地区的许多湖泊，在第三纪时成为这些海洋生物的避难所。

20世纪50年代初，因钻井技术的进步，在贝加尔湖滨打了几个很深的钻井。在取上来的岩芯样品中，没有发现任何中生代的沉积岩层，只有新生代的沉积岩层。一些科学家根据这些标本，再结合邻近地区在地质、古生物和古地理方面的材料，证实贝加尔地区在中生代时既未被海水淹没过，也不存在湖泊，在很长时期内一直是陆地。贝加尔湖盆最初形成于新生代的第三纪（距今2500万年前），第四纪初又得到加强。当时由于接二连三的强烈的地壳断裂活动，周围山脉急剧升高，湖盆进一步陷落下降，形成一条狭长深陷的谷，从而诞生了这个世界上最深的断层湖。

　　这个结论足以说明贝加尔湖从来不是海的一部分，也从未和海洋有过直接的联系。那么这些"海洋生物"是从什么地方和怎样进入贝加尔湖的呢？贝尔格院士等人认为，只有海豹和奥木尔鱼是真正的海洋动物，它们是不久前才从北冰洋迁移来的。海豹不仅能沿河逆流而上，有时它们甚至能穿过陆地从一条河迁移到另一条河。大多数人推测"外来者"的捷径先是叶尼塞河，然后上溯到支流安加拉河，再进入湖中。里亚布欣和拉马金等人则认为，它们是沿着勒拿河、维季姆河和巴尔古津湖到达贝加尔湖的。

　　那么其他那些颇有特殊性的生物呢？萨尔塞襄在《贝加尔湖》一书中发表自己的观点说："其他只在贝加尔湖或它邻近的湖泊中发现而在世界其他地方发现不到的动物，是在贝加尔湖本身发展的，它们的祖先是淡水湖泊或注入湖泊的河流中的动物。今天的贝加尔湖原是那些湖泊的后身。一般的淡水类型动物进入了贝加尔湖的又宽又深的新生物环境以后，都经历了复杂的发展过程。……在新环境中争取生存的斗争，使淡水动物产生了适应贝加尔湖生活条件的变化。正因为如此，出现了有趣的生物学规律；因为按它的条件讲，贝加尔湖非常像海洋盆地，所以在许多淡水动物的身上，产生了像海洋动物一样的标志。"

　　关于贝加尔湖有些生物的来源问题，至今没有水落石出。最显而易见的疑问在于：为什么海豹和奥木尔鱼不在老家好生待着，却要劳筋伤骨搬到远在2000多公里外的淡水湖来生活呢？而且它们怎么知道那里有适于它们开展新生活的贝加尔湖存在？

　　从18世纪到今天，科学家们已经用十多国文字，在20多个国家里出版了2500多部有关贝加尔湖的著作。但看来这些谜就像贝加尔湖本身一样，变幻不定，深奥莫测，需要人们继续不懈地探索下去。

冰原上哪来暖水湖

几乎整个南极大陆都被平均厚度达2000多米的冰雪所覆盖,这是一座冰的高原,人们用肉眼根本就无法知晓冰雪之下的地形起伏情况。然而早期探险家却在冰天雪地的南极大陆上发现了20多个湖泊,其中有不冻湖,甚至有暖水湖,如同在沙漠里发现绿洲一样稀奇。从那以后,各个领域的科学家们都赶来研究这些湖,特别对南极湖的起源和不冻的原因感兴趣。

南极湖依湖面冻结情况可分三种类型:一是湖面有冰冻结,水体处在冻层与岩石之间,称为冰下湖;二是夏季湖面冰层解冻,露出湖水,称为季节性湖泊;三是在严寒的冬季湖面也不冻结,是真正的不冻湖。

英国科学家赫密勋等集中研究了南极东部面积有10平方公里的翁塔西湖。他们通过对该湖的同位素分析,认为该湖是由一个比它目前大50倍的冰体融解收缩而造成的。他们还推测,包括翁塔西湖在内的一些南极冰下湖之所以不会结厚冰或全部封冻,完全是得益于当地的气候条件——经常刮大风引起的强烈蒸发,使湖面冰层的蒸发速度远远超过了进一步降雪和结冰的速度。

在距著名的埃里伯斯活火山西南大约100公里的地方,可以看见一块有1万多平方公里的、岩石裸露或仅有薄冰覆盖的干燥的丘陵地带,呈现出极地罕见的巧克力颜色,这便是南极的绿洲,称为干谷。

人们至今还不能完全理解的是,干谷的谷底竟然是热烘烘的,不仅能躲避令人窒息的暴风雪,在天朗气清的日子还可以身穿泳衣,十分舒服地躺在那里晒日光浴。

青少年最新科普丛书

同样不可思议的是干谷里的一些湖泊。从化学成分和物理特征来说，每个干谷湖泊各有其独自的特性。例如唐·胡安湖，当周围气温降至-57℃时，湖面仍没有结冰。有人认为这是由于该湖极咸，盐度为普通海水的12倍。水中盐度越高，冰点越低，所以不易冻结。更为神秘的另一个范达湖，虽然13.6平方公里的湖面被3-4米厚的冰层所覆盖，水温只有0℃左右，但是随着深度增加，湖水温度迅速上升。到冰下60米深的湖底，水温接近27℃。

众所周知，由于太阳辐射先到达湖水表面，一般湖水温度是随深度增加而降低的。地质学家们就范达湖的这一反常情况的形成原因争论了几年。一些人认为，湖水可能是被从湖底涌出的温泉加热的；另一些人推测说，是一股从地壳深处流出的岩浆流烤热的底部湖水；第三种意见假设，湖里发生某些不可知的物理反应而释放出热量。

1973年，由美国全国科学基金会以及日本和新西兰的有关组织，发起了一项"干谷钻探计划"。这一年的11月，钻探者打孔穿过范达湖的冰和水，一直钻进湖底取出岩芯，发现湖底的水很暖，但水下的岩层却很冷，这就否定了湖水是被地热作用从下面加热的说法。由于在取出的岩芯中找到了水生物的化石，表明干谷过去曾是有海产的海洋峡湾的一部分，现在的咸水，可能就是那时候遗留下来的。

前苏联地质矿物学博士弗罗洛夫解释说，范达湖里的温水可能是被太阳晒热的。范达湖湖水非常清澈，看不到任何微生物群和悬浮分子，湖面由于刮大风和强烈的蒸发而没有积雪。太阳的短波辐射可以不受任何障碍地透过清澈透明的冰和水，好像穿过温室玻璃一样，将湖底烤得如同湖四周的岩壁一样灼热。而从湖底反射的长波辐射，几乎全部被湖水所吸收，将湖水从下至上烤热。湖面的冰层能像棉被一样阻挡湖水热量的散逸，底层湖水的热量也不会因对流而丧失。因为这个湖紧挨冰层的下面有一层淡水，再下面的水就变成咸水，而且含盐量随深度加大而增浓，湖底的湖水盐度要比海水高出10-15倍。水的含盐量越高密度越大，也越重。上层淡水即使是冷的，也比下面热的咸水轻，根本不会有热对流运动，所以下面的水永远是热的。

然而，弗罗洛夫的说法也并不完善，人们仍然存在不少疑问。比如，在经过没有日出的长达半年的极夜时期之后，范达湖为什么还能保持这样高的水温；而在半年的极昼时期，范达湖不断吸收太阳辐射，为什么水温并没有无限制地上升。可见尽管已经出现了不少假设，至今南极湖的秘密尚未完全揭开。

泄出毒气的火山湖

《人民日报》1986年8月26日报道，非洲喀麦隆的尼奥斯火山湖在8月21日开始喷出含有硫化氢的有毒气体，至少有40人中毒身亡，预料死亡人数还会有明显增加。

果然，据以后几天的报载，尼奥斯湖终于在26日停止喷发毒气。联合国救灾协调专员办事处宣布，这次毒气事件造成的死亡人数为1746人，另有437人在医院接受治疗。

喀麦隆总统宣布8月30日为"全国哀悼日"，以悼念这次灾祸中的遇难者。

尼奥斯湖位于喀麦隆西北省，离首都雅温得西北约400公里，北距尼日利亚边境约35公里。这是阿库火山的一个小火山湖，略呈圆形，面积很小，只有约1-2平方公里。在一般小比例尺地图上根本查不到它的名字，自从这次灾难以后才引起全世界的关注。

尼奥斯湖为什么会喷发毒气呢？当时普遍认为与火山活动有关。我国的蔡宗夏事发后在8月31日的《人民日报》上著文说，喀麦隆是西非火山最多的国家，火山喷发的气体中以硫化物和一氧化碳毒性最大，尼奥斯湖喷发的毒气便属于这一种。

然而以后的调查却否认了火山活动说。由4名美国法医病原学家组成的一个调查小组，在解剖死难者尸体和对医院里的幸存者进行调查以后，于9月1日向喀麦隆政府提交了第一份书面报告。

报告指出，受害者是死于二氧化碳和硫化氢所引起的窒息或心搏停止，而不是原先认为是氰化氢和一氧化碳。

1987年3月，来自全世界11个国家的200名科学家参加在雅温得举行的尼奥斯湖灾难国际科学讨论会，经过5天讨论后，得出结论认为：从尼奥斯湖喷出并酿成灾难的气体是二氧化碳；这种气体是从湖底溢出湖面，而

青少年百科科普丛书
qingshaonianranrankepucongshu

不是湖底火山爆发喷出来的。

类似尼奥斯湖喷发毒气现象，在喀麦隆已经不是第一次了。1984年8月16日早晨6时30分左右，另一个小小火山口湖——莫农湖面上飘起一股辛辣难闻的烟雾，使人感到恶心，头晕目眩和乏力。往日碧绿的湖水不见了，湖面泛起一片一片的红褐色，像冒出的血水。烟云不断从不平静的湖水里生出来，汇集在沿岸200米长的公路一带。上午10点半左右，烟雾开始消散，但此时已发现了37具尸体，都死于窒息。死者的鼻、嘴渗出泡沫状的血液和粘液，躯体因痉挛而变得僵硬，皮肤受到一度化学灼伤。湖边所有的动物、昆虫也都死亡，树叶发枯脱落，一片凄凉景象。

事发后，喀麦隆政府邀请了美国和本国的火山学家进行全面调查。美国罗得岛大学火山学家西格德森等人最初也曾猜测该化学毒雾是由一次突然的火山爆发所产生的。他们在莫农湖底发现了一个直径350米的火山口，还在湖的深处找到极高含量的二氧化碳气体和重碳酸盐离子（由二氧化碳分解而成）。经同位素分析表明，这些碳原子可能来源于火山喷发。

研究人员最后确认湖中大量的二氧化碳是一点一滴微妙的化学平衡使湖水分成若干层，最深的一层含有大量重碳酸盐。一旦湖水由于某种原因出现搅动，富含重碳酸盐的深水就会上翻，释放出大量二氧化碳气体，冒出缕缕烟云，如同开一瓶汽水。这样的爆炸还能产生5米高的波浪，击倒岸边植物。随着湖底反应加剧，二氧化碳浓度越来越大，使得空中几乎充满了二氧化碳和另一些有毒烟雾，被风吹向湖岸边，这就使大批的生命窒息死亡。这种烟雾中可能含有硝酸，使人们在白天也能看到它，并使受害者皮肤灼伤。重碳酸盐分解形成二氧化碳的同时，大量红褐色的铁离子涌向湖的表层，呈现出一片"血色"。

尼奥斯湖的情况可能与莫农湖相似，因为它的湖水也是分层的。把湖底的水样取出水面，水就冒气泡，气泡中的98%-99%是二氧化碳。据美国《科学新闻》报道，对尼奥斯湖事件进行追踪研究的两位美国科学家提出进一步的猜想，那些二氧化碳是通过水下的碳酸钠泉进入尼奥斯湖和莫农湖的。在喀麦隆的火山活动带上，有很多股微热的含碳酸盐的泉水冒着气泡升到地面。在调查这些地面喷泉时发现，有一个喷泉在排放大量二氧化碳。如果湖底有这样的喷泉，二氧化碳即能溶解并大量滞留在湖底。

那么，是什么因素使本来处于平衡状态的湖水猛然间出现大搅动呢？

这两个湖几十年来没有发生过火山爆发和大地震。西格德森认为可能是由于莫农湖畔一次小小的山坡塌方，它足以震动湖底积聚得很浓的二氧化碳，引起瞬间释放而造成灾难。

另有人说，吹过莫农湖的风会在不流动的湖底水中产生一股翻滚的激流。

关于尼奥斯湖的说法更多。在国际科学讨论会上，法国和意大利的火山学家认为，这次喷发是由于湖底的水接触到火山口下炽热的岩石，形成一股爆发的蒸气，于是把湖底含有大量二氧化碳的水冲上了天。

但大多数人认为，实际上只需要某个时候一次轻轻的震动，湖水中的气体便会释放出来。这轻轻的震动，可以是一块巨石落水，也可以是一次小小的地震，或者是一场风暴。这两次灾难都发生在雨季，出事那天刚好下了暴雨，使得尼奥斯湖水的各层上下翻腾，形成了底层水下翻和释气的条件。还有人提出，湖水水面由于季节转换而变凉，同下面较暖的水形成对流，也有可能"引爆"。

可是以上这些说法都仅仅是猜测。喀麦隆的众多小火山湖今后还会泄漏毒气吗？在大灾难发生后三个月，当地人在尼奥斯湖畔举行了一次规模空前的集体祭灵仪式。司祭的长者虔诚地说："我们向神灵祷告吧。为什么要发生这样的灾难？这灾难为什么发生在夜里？为什么发生在雨季道路泥泞的时候？……"

这些疑问也正是科学家们极力想弄明白而至今还不甚明白的问题。

◎ 祖国秀水 ◎

　　同祖国的江河一样，湖泊是大地的乳汁，
亿万年来哺育湖上、湖中和湖边的生灵……
　　千万年来，炎黄子孙同样受到她的恩泽。
我们要爱护我们的衣食父母，还有她身边众多
的生灵……

西湖的自然景观

杭州西湖自古名扬海内外，不仅为我国十大名胜风景之一，而且已成为著名的国际性的花园。

西湖不但是旅游胜地，在农田灌溉方面也起着重要作用，灌溉着湖东北面10多万亩良田。西湖的物产也很丰富，盛产莲藕和菱，所产的藕粉，专称西湖藕粉，晶莹透明，味醇清口，营养丰富，尤为佳品。附近龙井生产的龙井茶，色绿、香郁、味醇、形美，驰誉海内外。其他著名土特产还有莼菜、天竺筷等。

西湖的美，不仅在湖，也在于山。它既揽山水之胜、林壑之美，又造园独特，将人工造景与天然美景融为一体，并保存着众多珍贵的文物史迹。

西湖南北长约3.3公里，东西宽约2.8公里，略呈椭圆形，环湖15公里，面积6.5平方公里。湖水清碧如玉，平均深度2.27米，最深处达2.8米左右，蓄水量一千万余立方米。湖内有岛屿、长堤，兀立水中的孤山，是西来的天目山伸入湖中的余脉。孤山东西狭长，形如水中卧牛，山的东麓有白堤与湖岸相接，它是西湖的文物荟萃之地，也是赏湖的最佳处。登上孤山，目接锦绣般的湖山景色，宛如置身蓬莱仙境中。

湖由堤桥分成互相沟通的五个部分：外湖、北里湖、西里湖、岳湖和小南湖。湖水水源由周围山地溪泉和雨水补给，近年实现了由钱塘江引水，使湖水量大增。湖水经圣塘河和浣纱河地下管道分别泄入大运河及武林门外的护城河。

西湖邻近市区的外湖，面积最大，也是景物集中处。湖中三岛：小瀛洲、湖心亭和阮公墩都在外湖。这是不同时代疏浚西湖过程中用泥堆成的三个人工岛。水上公园小瀛洲，湖中有岛，岛中有湖。其西南面湖中竖着三个造型美观的瓶形小石塔，就是三潭印月，每当皓月悬空，月光印潭，影分为三。小石塔高2米，中空，其上各有五个小圆孔，每逢月夜，塔里点上灯烛，孔口蒙上薄纸，灯光透出倒影湖中，像是月亮溶于水里，交相辉映。

西湖自古以来就有著名的十景，称作：苏堤春晓、断桥残雪、双峰插云、三潭印月、花港观鱼、柳浪闻莺、曲院风荷、平湖秋月、南屏晚钟、雷峰夕照。

西湖自然景色四时不同，各擅其胜。春天，"苏堤春晓"、"柳浪闻莺"、"花港观鱼"群芳吐艳；夏日，"曲院风荷"接天连碧；秋时，三秋桂子香飘云外，丹枫如火，菊英缤纷；冬季，"断桥残雪"银妆玉琢，孤山、灵峰寒梅枝俏。清晨，"宝石流霞"神采奕奕；夜晚，"三潭印月"、"平湖秋月"遐想无穷。展现了西湖如诗如画的自然美景。

西湖不仅擅山水之秀、林壑之幽，而且也是人文荟萃的历史文化胜地。古遗址、古墓葬、古建筑、古寺庙、石窟寺、石刻碑碣、革命史迹等各类文物，这里都具备。而西湖群山之中的石刻造像是江南最为集中的地区。

西子湖滨，有全国现存三千多座古塔中独树一帜的六和塔，有我国元代石刻重要集中区的飞来峰石刻造像，有年月题记国内罕见的麻曷葛剌造像，我国古代佛教绘画精品贯休十八罗汉像刻，我国石经中占有重要地位的南宋太学石经，五代石窟造像规模最大、雕刻最精的慈云岭造像，南宋高宗御笔书刻等等。

自唐宋以来，著名的大诗人白居易和苏轼，都在杭州做过官，都喜爱西湖的山山水水，给后人留下了千古传诵的诗篇。西湖又是群雄角逐之场，民族英雄岳飞及民主革命家徐锡麟、秋瑾、章炳麟等都长眠于湖畔。西湖和中国历史上众多名人的名字和业绩联系在一起，为它的湖光水色增添了丰富的历史文化内涵，使绚丽的西湖更加灿烂夺目。

太湖与江南水乡

太湖是我国第二大淡水湖，位于江苏和浙江两省交界处，地处长江下游，也是我国东部近海区域最大的湖泊。

太湖面积为2400多平方公里。太湖湖周长390多公里，平均水深1.3米，最深4.8米。全湖蓄水量达27亿多立方米。

太湖是典型的江南水乡泽国。湖区地势低平，海拔仅10米左右，湖河水网交织，地理环境具有明显的特点。湖的北面和东面有江南名城无锡和苏州市，西面紧邻江南低山丘陵，南面连接钱塘江三角洲。太湖湖身呈椭圆形，西部岸线弧形平滑，东岸则蜿蜒曲折，有港湾交错的特征。湖区地属亚热带，在东南季风的影响下，气候温热湿润，四季宜人。年降雨量1000～1300毫米，夏季多雨，更体现出水乡泽国的特殊风貌与风情。

自古以来，太湖就是一个引人入胜之地。太湖的入湖河流多在西南部，有源于浙西天目山的苕溪，有从苏、浙、皖、交界处的界岭山流出的南溪。江阴以上一段长江也有一部分水入湖。太湖的水由东面出口，经黄浦江、吴淞江、浏河分汇入长江。

太湖古称震泽、具区、笠泽、五湖。古太湖的范围很大，几乎包括现在的整个太湖平原。后来，随着长江三角洲的发育，太湖面积逐渐缩小，并在三四千年前，分裂成为现在的太湖、淀山湖、阳澄湖等湖群。太湖就是长江三角洲平原上众多的湖泊中最大的一个。近时，太湖已发生很大的变化。洞庭东山和马迹山原来都是湖中的大岛山，四面环水，由于泥沙不断淤积，现在这两个大岛山都已与湖岸相连而成半岛了。太湖目前还在缩小。

太湖流域地跨江苏、浙江、上海三省市，面积36500平方公里。太湖地区是个四周高、中间低的碟形洼地，大部分可种植水稻，而且产量很高。湖中盛产鱼虾，鱼的种类大致有鲤、鳜鲑、鲥等八九十种，另外还有与大海联系的刀鲚、鳗鲡和河豚等洄游性鱼类。太湖银鱼有大银鱼和短吻银鱼两种，尤以短吻银鱼为特产。

湖南部的洞庭东山、西山因受太湖调节气候的影响，冬季比附近地区暖和，能够生长典型亚热带的果树如枇杷、柑桔、杨梅等，果品质量优良，经济收益很大。太湖名茶碧螺春，又叫洞庭碧螺春，是驰名中外的绿茶珍品。

浩瀚如海的太湖，风光如画。湖中散布着四十八个岛屿，这些岛屿和沿岩的半岛、山峰合在一起，号称七十二峰。它们从浙江西天目山绵延而来，或止于湖畔，或纷纷入湖，形成了山环水抱的态势，组成一幅山外有山、湖外有湖、碧波银浪、重峦叠翠的天然图画。

太湖中最大也最美丽的岛是洞庭西山，全山面积约80平方公里，位于湖的南部，和洞庭东山隔水遥对。西山山峦起伏，太湖七十二峰，西山占其41座。耸峙于岛中央的主峰缥缈峰，又叫做杳眇峰，海拔336米。山中除寺宇和避暑建筑外，主要以自然美取胜，最有特色的如秋月、晚烟、积雪、梅雪之类的四时景物。古人说西山是"虽然无画都是画，不用写诗皆是诗"，确非谥美之辞。西山系由石灰岩所构成，长期受侵蚀的结果，怪石嶙峋，颇多洞穴。岛上那些玲珑透剔的太湖石，将全岛装点得颇为别致。

洞庭东山因在太湖东面而得名。山中主要古迹有紫金庵的宋代泥塑罗汉像、元代轩辕宫、明代砖刻门楼以及近代的雕花大楼等。宋塑罗汉像比例适度，容貌各异，造型正确，姿态生动。相传是南宋雕塑名家雷潮夫妇所作，制塑技艺精湛，令人赞赏。轩辕宫面阔三间，进深九檩，雄踞山垣，面临太湖，气势磅礴。

太湖北部的三山岛，由东鸭、西鸭和三峰三小岛联合而成，远望状若神龟，风景优美，主峰高出水面50多米，十分幽静。山上松竹枫花遍地，令人陶醉。远观三山之妙，真难以描绘。随着气候的变化，晴明晦暗，若即若离，似断似连，忽隐忽现，恰似一只大龟嬉游于万顷金涛之间。

太湖北岸层峦叠嶂，山环水复，是名胜古迹的精华集中处，最著名的有鼋头渚、蠡湖。鼋头渚是沿岸充山向西伸入湖中的半岛，形如鼋头，故得此名。登上鼋头，便见太湖岸边巨石卧波，雪涛飞溅，远望一碧千顷，水天相接，气势豪放。真是太湖佳绝处，毕竟在鼋头。

蠡湖原名五里湖，湖西边经犊山门和外太湖相通。300多米长的宝界桥，犹如长龙卧波，将蠡湖拦腰分为两半。蠡湖亦旷亦逸，山水之间含天然风韵。湖的北岸之滨有蠡园，以水饰景，园林古典幽雅，十分精巧。假山亭台，水廊画舫，令人流连忘返。它以自然天成与人工修饰相结合，将北方园林的雄伟与江南园林的雅朴融为一体，独具风格，不愧为江南最负盛名的园林之一。

太湖是国家级重点风景保护区之一，富饶而美丽的太湖，湖光浩渺，山色迷人，不愧为著名的游览胜地。

"浅水泽国"洪泽湖

洪泽湖是我国五大淡水湖中的第四大淡水湖。位于江苏省西部，面积为2069平方公里。在我国秦汉时代，被称为"富陵"诸湖。

洪泽湖古称破釜塘，公元616年，隋炀帝下江南，其时正值大旱，行舟十分困难。可龙舟到破釜塘时，突然天降大雨，水涨船高，舟行顺畅。炀帝大喜，以为自己洪福齐天，恩泽浩荡，于是便把破釜塘改为洪泽浦。唐代开始叫洪泽湖。

洪泽湖的形成，与淮河的关系极为密切。在黄河未夺淮入海之前，淮河两侧洼地虽雨季有积水，但秋后排干仍未成湖。到距今2100多年前的汉武帝元光三年（前132年），黄河南下汇淮入海，造成淮河流域平原变成一片泽国，富陵地区积水成湖。虽然在清咸丰五年（1855年），黄河又改道北流，但由于下流河道淤塞高仰，泄水困难，洪水停滞，遂成今日"富陵诸湖"的分布形势。

洪泽湖的整个形状很像一只昂首展翅欲飞的天鹅。由于洪泽湖发育在冲积平原的洼地上，故湖底浅平，岸坡低缓，湖底高出东部苏北平原4～8米，成为一个"悬湖"。在治淮以前，洪泽湖汪洋一片，既无固定湖岸，又无一定形状。随着对淮河的治理，对洪泽湖也进行了整治。现在湖区的东部大堤宽50米，全长67公里，几乎全用玄武岩的条石砌成。远远望去，宛如一座横亘在湖边的水上长城。这条长堤不仅保护着下游地区的万顷良田和千百座村镇，而且拦蓄的丰富水源为航运、发电、灌溉提供了便利。

洪泽湖是一个浅水型湖泊，水深一般在4米以内，最大水深5.5米。湖水的来源，除大气降水外，主要靠河流来水。流注洪泽湖的河流集中在湖的西部，有淮河、濉河、汴河和安河等。出湖河道中三河和苏北灌溉总渠是洪泽湖分泄入长江和入海的主要河道。

洪泽湖水生资源丰富，湖内有鱼类近百种，以鲤鱼、鲫鱼、鳊鱼、鲢鱼、青鱼、草鱼等为主；洪泽湖的螃蟹也是远近驰名的。此外，洪泽湖的水生植物非常著名。芦苇几乎遍布全湖，繁茂处连船只也难以航行。莲藕、芡实、菱角在历史上都享有盛名。

洪泽湖自古就是游览区。清代被洪水淹没的泗洲城是湖畔十分著名的历史要镇。南宋时期，泗洲为宋金交通关驿。明朝开国皇帝朱元璋的祖辈活动于泗洲，埋葬朱元璋高祖、曾祖、祖父的明祖陵在今泗洪县。公元1678年，即清康熙十七年，繁华一时的泗州城被洪水完全淹没。但也有人认为，泗州城是突然下沉于湖，并非被淮水冲毁。这一个谜，只有待来日考古发掘这座古城才能解开。

泗洲城被湖水淹没时，明祖陵也一起被吞没于湖水之中。80年代初，为保护明祖陵，筑堤3000米，把陵墓从湖水中隔出，沉没湖中300余载的文物瑰宝重见天日，成为洪泽湖畔的游览胜地。明祖陵作为洪泽湖游区的一个重要组成部分，正以它的独特风采吸引着越来越多的游人。

湖光山色的洪泽湖，不仅是风景优美的湖，更是历史文化荟萃的湖。

山泉相辉的巢湖

巢湖是我国五大淡水湖之一，它东西绵亘54.5公里，南北宽21公里，面积820平方公里。巢湖湖中有山，山中有水，波光帆影，景色妩媚。真是登高四望皆奇绝，三面青山一面湖。

据考证，巢湖是由于地层局部陷落潜水而成的。大约在距今两亿年前的中生代三叠纪末期，地壳构造运动使陆地上升，海水退出，只有在内陆凹陷部分残留着海水，发育着湖盆沉积，巢湖就是当时内陆凹陷中的一个。到距今一亿四千万年前，地球又发生了剧烈的燕山运动，强烈的断裂、频繁的岩浆活动，使巢湖凹陷更显著，湖水加深，湖面扩大。到距今三千万年时，发生了震动全球的喜马拉雅运动，它使湖面进一步扩大，湖水横溢，成为巢湖的全盛时期。那时的巢湖面积要比现在的大三四倍，湖水也深得多。近百万年来，湖盆仍在缓缓下降，但由于入湖河流携带的大量泥沙不断沉积，沉积量大于下降量，使巢湖面积日渐缩小。

在历史上，巢湖战略位置十分重要。春秋时吴国和楚国、三国时东吴和北魏，都曾在此进行过激战。坐落于巢湖之滨的巢县，是历史悠久的古城。在3600年前的夏朝，这里是古巢国，相传是桀南奔来此初建的。

巢湖景色优美，连天平湖，浪静波恬，轻舟逐水，帆影浮隐。巢湖之美，不仅在湖，也在于山。群峰四周，参差相映，有的如凤凰展翅，有的似雄狮昂首；有的形似银瓶，有的状如香炉。这山水之胜、林壑之美，自古以来吸引着文人雅士前往寻幽探胜，李白、苏轼、陆游等，都为巢湖留下了脍炙人口的佳名。宋代著名诗人陆游曾赞道："何曾蓄笔砚，景物自成诗。"

巢湖之南，群峰相峙，峭壁嵯峨的银屏山绵延于巢湖之滨。因山上有一大石，色白如银，形似花瓶，因此又有银瓶之名。银屏山海拔508米，为群峰之冠，登山可俯瞰全湖，但见碧波远涵，极目水天无际。一脉青山，云缠雾绕，宛若仙境。围绕银屏峰的九座山峰，形状如狮子，名曰九狮山，古人称之为"九狮抱银瓶"。

四顶山是巢湖北岸的又一胜景，因山有四峰突起而得名。四顶山景色又以绮旎的霞光为最，故又名朝霞山。每当旭日东升或落日熔金，满山光彩夺目，景色极为壮观。四顶朝霞为"庐州八景"之一。

位于巢湖汤山之麓的半汤温泉，是著名的疗养胜地。据古书记载：山有二泉，一冷一暖合流，所以有半汤之名。半汤温泉的历史十分悠久，远至秦汉，此处温泉就为人们发现和利用。被古人誉为九福之地。

温泉终年喷涌不断，水温保持在摄氏60度以上，最高可达80摄氏度。泉水清冽，无色透明，水中含有30多种活性元素。疗养院的楼房、亭榭掩映在苍松翠竹间，温泉涌出的热气，像袅袅青烟缭绕于曲径山道上。

巢湖水产资源丰富，尤以银鱼、螃蟹著称。银鱼是巢湖鱼中的皇后，长不到一寸，周身透明，洁白晶莹，遨游水中如银梭织锦。传说孟姜女寻夫途经湖边，她的串串泪珠掉进水中，变成了无数小银鱼。巢湖螃蟹，体大肉肥，螯是金黄色，毛呈棕红色，故美名"金甲红毛"。飒然风起的金秋，是巢湖渔民捕捉金甲红毛蟹的大好时节。

壮阔秀丽的巢湖，以丰富的物产和美妙的温泉水，而成为闻名于世的旅游胜地。

人工天成千岛湖

千岛湖在浙江省淳安县境内，连绵的崇山峻岭淹入湖中成为大小岛屿，共1078个，故名千岛湖。

1959年，新安江水库建成，巍巍大坝将新安江上游拦截成一个烟波浩渺的巨大湖泊。千岛湖水域面积575平方公里。比杭州西湖大百余倍，蓄水量178亿立方米，相当于3184个西湖。

郭沫若的诗："西子三千个，群山已失高，峰峦成岛屿，平地卷波涛。"成了千岛湖的真实写照。

千岛湖的水，发源于黄山山脉，水质优良，含污染物极少。水色澄碧晶莹，饮之甘冽清醇。千仞写乔树、百丈见游鳞的自然景象，是对千岛湖湖水淳清的高度赞美。

千岛湖融浩荡的江湖气概、幽邃的峡谷风光和丰富的人文古迹于一体，以山清、水秀、洞奇、石怪而著称。

入舟湖上，如入琉璃明镜。除了碧水，就是数不清的岛屿。有的像腾舞的青龙，有的似跃然而起的烈马；时而双峰对峙，时而锦屏挡道，船到跟前，峰回路转，蓦然又是一番浩瀚天地。真有"一镜天开浮碧玉，两峰云净出青莲"的美妙意境。

千岛湖之奇妙，还在于它的大岛里套小岛，大湖中藏小湖，湖中有岛，岛中有湖。浩渺的湖面被千百座岛屿自然分割成许多大小不一的湖泊。而龙川岛像一张舒张着的荷叶漂浮在浩如烟海的千岛湖上，岛上又有30多个小湖，湖水明净，映着日光，犹如闪烁在荷叶上的水珠一样。

千岛湖中以界首岛最大，面积约21平方公里；龙珠岛最小，不足4亩。随着季节的变换，湖水涨落，岛屿也时大时小，时高时低。每逢春夏之际，一夜大雨过后，第一天还看到的一个碧螺小岛，第二天就倏忽不见了踪影；过些日子，小岛又冒出绿尖尖来。扑朔迷离，变幻莫测，充分领略到一种湖岛一体的奇趣。

湖中岛屿从自然、人文景观而论，以龙山、美山、蜜山、龙羊山诸岛最为引人入胜。龙山位于千岛湖的中心，面积0.45平方公里，因形似苍龙而得名。岛上林木青翠，四面碧水环抱，风景秀丽。

明嘉靖年间，即公元1558～1561年，海瑞任淳安知县，他为官清正，当地至今流传着这位海青天的故事。淳安原有的海瑞祠，被淹后已重建于龙山，祠正堂里设高大的海瑞坐姿全身塑像，双目炯炯传神。祠内有海瑞遗迹陈列室，里面有海瑞亲笔手书和纪念海瑞的诗碑。

美山是一座花果山，岛上栽培有薰衣草、茉莉花、玉兰、桂花、香樟等名贵花木，水果有枇杷、杨梅、板栗等，四季香气袭人。岛上奇岩突崛，溶洞贯穿，有"龙潭"、"虎穴"等景。

蜜山岛面积0.36平方公里，山巅西侧有蜜山泉，四季不竭，曾被誉为东南第一泉，以蜜山泉泡云雾茶，品茗观景，其乐融融。

龙羊山面积0.2平方公里，因岛上野桂遍地，又称桂花岛。岩石嶙峋多姿，有犀牛啸天、清波印月、石门通天、望湖台、通江洞等景观。全岛犹如一个大盆景，穿行其中，可领略到人在石缝时、天从洞中出的妙趣。

近年来，在中心湖区又建成了蛇岛、鹿岛、猴岛、灵猫岛等，使湖中千岛更具特色，丰富了旅游景点。

蛇岛上，盘缠在草丛和树上的蛇群，有的争食斗殴，有的昂头吐信，使游人惊叹不已。鹿岛上，建有观鹿长廊，来自东北的梅花鹿正在此安家落户，游人可用鲜嫩的叶子喂食温顺的鹿群。

猴岛原名云蒙列岛，在大小不等的6个岛上放养了200余头猴子。游人登岛以食品喂猴、逗猴，享受一番难得的猴趣。

千岛湖周围石景很多，最为壮观的首推赋溪石林和长岭石柱。赋溪石林堪称"华东第一石林"，石林林区10平方公里，尤以兰玉坪、玳瑁岭、西山坪三处为最佳。一片片石灰岩群峰壁立，千嶂万壑，悬石危岩，百态千姿。兰玉坪石林有一天然石门，形成连绵100余米的岩壁，酷似古代城墙，另有双仙对弈、寿星捧桃、灵芝峰、棋盘石等景。玳瑁岭石林的精华为狮子林，巧石如数十只大小狮子，或立或卧，或跑或跳，全然天成，令人称绝。

长岭石柱在湖之西北角，一花岗岩石柱高达100余米，巍然矗立于峡谷溪流之中，近处绝壁上有高100余米的飞瀑，伴着松涛云影奔泻而下，十分壮观。

千岛湖是我国国家级风景名胜区，它一头连着杭州，一头连着黄山，是这条"黄金旅游带"上的绿宝石。千岛湖湖由人造，景则天成，它美在人工，更美在自然。

人工而成的绍兴东湖

绍兴东湖位于绍兴市五云门外约3公里处，为浙江三大名湖之一。

绍兴，地处杭州湾钱塘江南岸，宁、绍平原西部。会稽山脉绵延西南，江河湖泊萦带东北，白水翠岩，山川清俊灵秀，素以景色奇丽著称。自古就有"山阴道上行，如在镜中游"的赞誉。

东湖早先并不是湖，而是一座青石山。山上青石坚硬，石质优良，从汉代开始，就成了采石场，到隋朝，因扩建绍兴城，在山上取石。此后千百年间，一代又一代石工长年累月，从山崖上采下成片成片的石料来，终于把这座青石山的北坡，开凿成奇特的悬崖峭壁，低洼处形成幽深的水塘，被掏空的山腹形成洞穴。到了清朝末年，士绅陶浚宣在塘外筑堤数百丈，堤外为河，堤内为湖。堤上种植柳树、桃花，并兴修亭榭点缀其间，于是一个美丽的湖泊宛然显现。因湖在城东，遂名之东湖。东湖长约200米，宽约80米，小巧玲珑，曲折多姿。

湖中有洞，洞里是湖，波依峭壁，山水环抱，湖洞相连。这些是绍兴东湖最大的景观特色。

湖岸是青石板铺成的石径，曲折有致的长堤和秦桥、霞川两座构筑古朴的石桥将湖面剪为三片。绿水透迤，幽深而空旷。小巧的乌篷船，头戴黑色毡帽的船工，与这山水湖石共同构成了一幅具有浓郁地方色彩的明丽图画。

随乌篷船缓缓进入陶公洞，清冽冷气扑面而来。洞中水色黛碧澄澈，轻轻耳语或用手拨水，即引起嗡嗡不断地回声。仰首望天，四面均被百尺岩壁所包围，一线天光从顶端射入幽暗的洞中，人在洞中，其乐无穷！

与陶公洞相邻的仙桃洞，洞内水深18米，岩壁高45米。举目仰望，峰陡天高；屏息谛听从石缝中渗出的水珠滴落湖中的清脆响声，恍惚置身于一个迷人的神秘世界。偶有碎石落湖，激溅涟漪，荡漾回声，平添情趣。

由于洞穴内从不见阳光，因此盛夏入内凉气袭人，爽如清秋。

　　舍舟系缆，拾级登上抱洞环湖的绕门山，从山顶俯瞰东湖，见峭壁奇岩，突兀峥嵘；山水相融处，洞窍盘错；湖畔有香积亭、饮渌亭、听湫亭等，翠堤朱亭，相映成趣。

　　东湖融天然与人工美于一湖，和谐的湖光水色，越来越得到人们的赏识，终将成为旅游名湖。

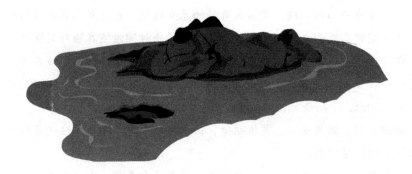

风景秀美的嘉兴南湖

嘉兴南湖与杭州西湖、绍兴东湖合称浙江三大名湖。它位于嘉兴市东南面。南湖因有东西两湖，相连似鸳鸯交颈，所以又称鸳鸯湖。

南湖原来是个被海水淹没的地方，由于长江和钱塘江携带大量泥沙的沉积，陆地不断延伸，海水逐渐退出，变为洼地，后来由于运河各渠流水不断注入而形成湖泊。现在，南湖上承长水塘和海盐塘，下泄于平湖塘和长纤塘，流注于黄浦江。

南湖完全形成的时期，大约是在两千多年前的汉代。南湖在三国时期称陆渭池，到唐代才改名为南湖。南湖刚形成时面积辽阔，比现在的湖面大二三倍。到元代以后，由于湖滨泥沙淤积和历代城市的发展，水域面积日渐缩小。今日的南湖，面积仅1.12平方公里，水深2~5米。南湖四周，地势低平，河港纵横，桑田连绵，风光明媚。湖中有两个岛屿，一称湖心岛，南北长100多米，岛上有著名的烟雨楼等名胜古迹；与湖心岛一衣带水的小洲，上有仓圣祠。

南湖一向以风景秀美而闻名遐迩。它虽不及杭州西湖的浓艳纤丽，也没有太湖"包容吴越"的壮阔气势，却也天然本色，秀姿天成，自有一番动人的气韵。清朝喜爱游山玩水的乾隆皇帝，曾六次驻跸南湖。

湖心岛上的烟雨楼是江南有名的园林，始建于五代，即公元940年前后。元末，楼毁于兵火。至明嘉靖二十七年，也就是公元1548年，嘉兴知府赵瀛征民工修浚城河时，运土于南湖之中堆成小岛。第二年，仿烟雨楼旧制，在岛上建楼，从此烟雨楼从湖滨移到了湖心。它四面临水，水木清华，晨烟暮雨，景色如画。万历十年，即公元1582年，知府龚勉又在烟雨楼附近增筑亭榭，南面筑台为钓鳌矶，北面拓放生池，称"鱼乐国"。从此，这里被称为"小瀛州"，视同神仙所居住的地方。

烟雨楼外观雄伟壮丽，登楼眺景，四时皆宜。雨气寒凝、烟云迷漫之时，尤有情致。游人均为烟雨楼的美景所陶醉，流连忘返。

烟雨楼自五代至今已有一千多年的历史，楼内保存有历代文人学士留下的碑石50多种，具有相当高的文物价值。在鉴亭外壁，有宋代大书法家米芾的诗碑。

在宝梅亭内，有元代吴镇的画竹碑石并诗。楼内还有清代彭玉麟老干横枝的梅花石刻和题诗。烟雨楼后院，假山竿峥，遍植花木，环境清幽。高大的槐树，亭亭如盖；两株桂花树，浓香扑鼻，香远益清。

湖心岛东南岸，停泊着一只长16米，宽3米的游船，这是根据中共"一大"开会用过的游舫仿制的纪念船。

南湖的水产资源十分丰富，除了盛产各种鱼类外，特产南湖菱远近驰名。南湖菱以无角为特征，壳薄肉嫩，是菱中上品，清朝曾列为贡品。

游览南湖，既可享受湖光山色之美，又可观赏古代文化之胜，游人在此可以大饱眼福。

金陵秀水玄武湖

　　玄武湖是一个江岸低地湖泊。唐代以前，这个湖和长江相通，后来由于江流迁徙，故道淤塞，江与湖联系中断。南北朝时，玄武湖得到修治和利用，鼎盛一时，随着其地位的加强，南朝各代皇帝曾多次在湖畔阅兵。其中规模最大的一次是在公元579年，即陈宣帝太建十一年，参加检阅的10万步兵列阵于湖岸，另有战船500艘在湖中操练。

　　刘宋文帝曾经在湖里堆筑起三座"神山"，这就是湖中最早的三座洲的来历。至于玄武湖的名称，则是由于当时湖中几次出现了黑龙，这种黑龙很可能就是现在的扬子江鳄鱼。玄为黑色之意，自改名玄武湖后，一直沿用至今。

　　南朝刘宋时期还在玄武湖北岸修建了一座皇家花园，叫作"上林苑"，后来南齐皇帝常到那一带去打猎。梁代昭明太子更在湖中洲上广建亭台楼阁，开辟果园。经常同文人学士在那里游宴赋诗。据说，昭明太子就是由于夜间游湖落水得病而死的。在梁代末年侯景之乱的时候，叛军曾掘堤引湖水，浇灌宫城，最后梁武帝终于被饿死台城之中。

　　隋唐时期，玄武湖湖中园林日渐荒芜，成为官府所设的放生地。宋代王安石在任江宁知府期间，认为玄武湖是空贮波涛，守之无用，就废湖为田，分给贫民耕种。从此玄武湖便在金陵名胜的历史上消失了两百多年。

　　明代重新疏浚玄武湖，但湖面已缩小到六朝时的三分之一左右了。清代初年，玄武湖已经荒芜不堪。直到清末，即公元1911年，玄武湖才辟为公园。后又开玄武门，筑翠虹堤以通湖上。这样，玄武湖才又逐渐得以恢复。

　　南京城背山临江，龙蟠虎踞，为东南名胜之地，也是重要的水陆交通枢纽。玄武湖位于南京城东北的玄武门外，东依钟山，西南两侧紧靠南京城墙，北连长江沿岸平原。这个湖和城西南的莫愁湖自古就是金陵风景名胜之地。

玄武湖略呈菱形，现在周长约10公里，面积约5平方公里，水源主要来自钟山北麓，湖水通过金川河经下关泄入长江；另一支由武庙闸经秦淮河入江。平时，湖水富灌溉之利，在雨季，它可接受大量地面径流，因此又具有蓄洪防涝的功能。湖中水产资源丰富，盛产鱼类、菱藕等。玄武湖主要以风光特色吸引着大批的游客。湖水清澈如镜，碧波荡漾，湖面上分布着五块绿洲，形成五个风景点，因有五洲公园之称。

五洲中的环洲，旧名长洲，呈圆环形，进玄武湖正门，门内有宽阔的翠虹堤。堤的两岸绿树婆娑，碧波傍岸。远山近水，景色怡人。过堤后，迎面就是环洲。洲上有假山亭台，可供玩赏。环洲是樱洲的外围，向东过小桥即抵樱洲。樱洲四周被环洲围着，其间隔一道湖水，因此是洲中之洲。洲上遍植樱桃，故名樱洲。出樱洲，经环洲向北，就能到梁洲。

梁洲为梁代昭明太子读书处，是五洲中开辟最早、风景最佳的所在，梁洲的亭馆台，掩映于花木修竹丛中，古雅别致。夏季，风荷香溢四方；冬日，则有迷人的梁洲寻霁。平时，钟山倒影临流，形成十分幽雅美丽的环境。

由梁洲向东，过翠桥，到达翠洲又名趾洲，洲上松柏常青，风光幽静，现在是湖中的音乐舞剧场地。

从环洲向东到菱洲，是湖中最热闹处。菱洲旧称麟洲，在玄武湖中心，与翠洲南北遥遥相对。菱洲上的动物园内，有斑斓多姿、美丽喜人的长颈鹿，有各种飞禽走兽，还有熊猫馆、水族馆等。

玄武湖内的五洲之间，有桥堤连成一体，环湖有公路，汽车可通行各洲。五洲各据其胜，表现为环洲烟雨、樱洲花海、菱洲山岚、梁洲秋菊、翠洲云树五个风景点的不同特色。玄武湖碧水映衬着东面雄伟的钟山和西面古老的城墙，显得非常典雅壮丽。白天游湖，或荡舟，或游泳，或漫步，可以获得美的享受；傍晚游湖，能见到玄武门的门楼雉堞，像一幅精美的剪贴，衬托在黄昏的天幕上，格外增添迷人的风韵。夜间游湖，湖光山影，别有一种雅致。特别是玄武湖之秋，泛舟湖上，穿行于绿叶红荷之间，停憩于垂柳塔影堤畔，享受、欣赏湖光山色之美，使人仿佛到了仙境一般。

石头城下莫愁湖

莫愁湖以幽雅的景色、并与古石头城相伴而闻名于世。明清之际，墨客骚人常聚会于此，吟诗作画，盛极一时，莫愁湖因而又有"金陵第一名胜"之称。

莫愁湖是低地湖泊，秦淮河冲积平原的低洼处积水而成。这块冲积平原的形成年代并不很久，据历史记载，在三国东吴以前，这里还是露出长江水面的几处小沙洲。当时，浩荡的长江河床紧靠今日南京城墙的位置，以后江流外徙，秦淮河也向北延伸，冲积平原才逐渐向外扩展。由于地势低下，地下水位高，低洼处就积水形成湖泊。

莫愁湖成湖的时期大约在公元5世纪以前，距今不过1600多年的历史。因为此湖处在南京古老的石头城下，旧时曾经称之为石城湖。另外，有民间流传的一个关于莫愁女的悲惨故事：相传，洛阳少女莫愁远嫁江东（今南京）的卢家。卢家就住在此湖湖滨，婚后丈夫应征戍边，莫愁女勤劳温厚，热心乡里公益，但遭到卢员外诬陷，被迫投河而死。后人对莫愁女十分同情，为了纪念她，将此湖改名莫愁湖。

位于南京城西南的莫愁湖，同东北面的玄武湖隔城遥对，互为犄角之势。这里为长江、秦淮河形成的冲积平原，北面滚滚长江东流，东面蜿蜒如带的秦淮河环绕，构成一个幽静清雅的环境。莫愁湖状若西边凹陷的三角形，周长约5公里，水面积为33公顷，仅相当于玄武湖的百分之七。莫愁湖以玲珑俊美、幽雅精致著称。

因为莫愁湖临长江之滨，登高即可望见大江东流，以及点点白帆与行云相伴的壮景，所以令人神往。明朝初年，曾在湖区建楼，相传明太祖朱元璋和开国元勋中山王徐达在楼上弈棋，朱元璋输了，就把莫愁湖送给了徐达，所以这座楼就叫做胜棋楼。

　　莫愁湖曾经有著名的八景：波镜窥容、月梳掠鬓、山黛描眉、莲粉凝香、莺簧偷语、柳丝织恨、秧针倦绣、燕剪裁绮。清代诗人以此八景作诗唱和的自有不少。莫愁湖以幽雅著称，又以观赏江景为妙，雅丽动人。

　　莫愁湖以悱恻动人的传说和幽雅的园林风景，展现其特有的魅力，吸引了众多的旅游者，使其成为旅游、度假的胜地。

河道演变而成的瘦西湖

瘦西湖位于扬州市西北部。湖的前身为历代开挖的城河，自唐以来不断演变而成，故是一个人工湖。在清代以前已成为城西北有名的风景区。清乾隆时，改称长春湖。后来，因湖在扬州城之西，就有西湖之称。由于它和杭州西湖相比，另有一种清瘦秀丽的特色，因称瘦西湖。

瘦西湖自古以来为扬州游览胜地，以自然景物见胜，加上历代劳动人民的改造和长时期的建筑积累，逐步形成了风光明媚的风景区。

瘦西湖原由河道演变而来，故湖身呈曲屈的长条形。湖的范围，南自虹桥，北至平山堂蜀岗下，长近5公里，湖水与城河、潮河相接，通大运河。湖身窈窕曲折，水色碧绿虽无五湖的浩荡，却有西子的娇媚。到了清乾隆以后又被刻意经营，使瘦西湖风景区兼有北方之雄浑与南方之秀丽。

瘦西湖风景区内，亭榭满园，虹桥错列，绿杨盈堤，花木疏秀。其中，最为游人称道的观览之处，有虹桥、徐园、小金山、钓鱼台、白塔、五亭桥和新近落成的二十四桥等景点。

虹桥，横跨于瘦西湖南口，初名红桥，始建于明代崇祯年间，原为木构，围以红栏，清乾隆时改建为石桥，如同卧虹于波，改称虹桥。虹桥在近年又经过拓宽垫平，扩建为三拱洞石桥，形式更为壮观。站在桥顶，纵目向北眺望，只见波平如镜，水天交碧，仰观俯视，竟不知是云行湖底还是树映天上。

自大虹桥西脚下起，北至徐园，此段名为长堤春柳，沿着瘦西湖岸，桃柳夹道。每当大地春回之时，夭桃逞艳，柳浪闻莺，最是游人乐赏之处。秋天落叶萧索之际，听秋柳鸣蝉，犹有余韵。

徐园位于瘦西湖畔，长堤的北端。这里是清乾隆时名园"桃花坞"的旧址，遥想当年，满目桃林，春花喷霞，别有一番风情。如今虽然没有桃坞，却有一座小巧精致、古色古香的园林。此园筑于1915年，系为乡人祠

49

祀军阀徐宝山所建。

徐园之门，形如满月，门额上嵌草书"徐园"二字，为吉亮工手书。门前一对石狮子，直对长堤。园内荷池中盛开的莲花娇艳欲滴，池的东侧与湖水相通。池西侧用卵石铺径，贴墙翠竹森森，摇曳生姿。池南侧为徐园正厅，取名听鹂馆，为鹂鸣翠柳、柳浪闻莺之意。听鹂馆内陈列着字画印章和古董家具。馆前有两只直径6尺多、厚约3寸许、高与人肩齐的大铁镬，据传是南北朝萧梁时的镇水遗物，已有1400多年的历史。镬座系太湖石砌成，位置天然。镬内夏种荷花，绿叶田田，秋置丛菊，花气袭人，堪称为瘦西湖的盆景奇观。

小金山位于花坞之北，有红栏桥相通。小金山之西头，有一短堤伸入湖中，西端有一亭子，就是有名的吹台。这座方亭临湖的南、西、北三面都有圆洞门。亭前湖面广阔，与对岸的白塔、五亭桥隔水相望。

白塔建于湖的南边，在造型上模仿北京北海的白塔，富有美感，代表北方园林气势雄浑的风格。

五亭桥在白塔之侧，跨于瘦西湖上。这是一座很别致的拱形石桥，它建于清乾隆二十二年，即公元1757年。在十多丈长、二三丈宽的桥身上，矗立着五座亭子，中间一亭最高，南北各亭互相对称，拱出主亭。桥下纵横有15个洞，皆可通船。据说皓月东升时，洞洞都能看到月亮，倒映在湖面上则是金波荡漾，众月争辉，可与杭州西湖的三潭印月相媲美。

在桥上眺望，春花秋月，夏雨冬雪，景色常新；湖光浩渺，四季佳丽。全湖佳景，尽收眼底。

瘦西湖丰富独特的自然景观令人陶醉，更会使人流连忘返。

云水之间九鲤湖

九鲤湖坐落在福建仙游县城东北约30公里的何岭关内。九鲤湖上百窍玲珑，遍布奇形怪状的溶洞，有的似瓮，有的像盘，有的小如杯盆，有的大若鼎镬，真是千姿百态。

九鲤湖居万山之巅，地属闽中南部名山戴云山区，湖西北方戴云主峰海拔1840余米，绵延向东，达于木兰溪畔。湖所在的山峰为木兰溪所环绕。气候温热潮湿、多云雾，戴云山之名大约由此而来。年平均气温摄氏20度左右，年降水量1400毫米。湖水常年不枯。

这个天然湖泊，湖周千岩竞秀，林木葱茏，飞瀑流泉常掩藏于云雾笼罩之中，风景非常优美，自古以来为人所称道。九鲤湖的风光特色，历来以水、洞、瀑、石四奇著名于世。

九鲤湖位于山巅，是云和水的居所，被称为"天半的湖"。湖水碧澄，酷似"灵圆一镜"。旭日东升时，万道金光撒下，湖面浮光耀金，景象万千；夕阳西下，则满天彩霞泻落湖中，色彩斑斓，分外妖娆；而在皓月千里、银辉遍地之际，远山近景倒映湖中，全湖静影沉璧，更是别具一番景致。

碧澄如玉、荡青漾翠的九鲤湖，上游愈见清澈见底。这里可见水底岩石上遍布如樽如臼、似瓮似井奇特形怪的洞穴，诡谲秘异，有的深不可测，相传为九仙炼丹的遗址。

九鲤湖的水、洞、瀑、石四奇之中，以飞瀑最为引人入胜。九鲤湖飞瀑从高耸的崖头猛泻入湖，水石相击，轰鸣如雷。飞瀑按落差分为九漈。

鲤湖飞瀑天下奇。九漈飞瀑全长10多公里，沿途悬崖夹峙，蜿蜒曲折，奇景不可名状。每一漈都各具特色，有的自成佳景，有的交相辉映。

其中以瀑布、珠帘、玉柱三漈尤为著名。

　　九鲤湖在福建的旅游资源中，和武夷山几可并列。武夷山以山著称，九鲤湖以水扬名。如今的九鲤湖已建设成为新的旅游景点，以优美的山水风光，展现其特有的魅力，吸引着人们去游赏。

大草原上呼伦湖

呼伦湖位于呼伦贝尔草原西部，西北距边境城市满洲里市不远。是内蒙古最大的湖泊。

呼伦湖东面连接广阔的草原，西侧和北侧围绕着低山丘陵带，湖就在其间低洼地的范围内。湖身呈斜长方形，由东北向西南伸展，长93公里，宽33公里，面积达2315平方公里。湖面海拔550米，平均水深6米，最深处15米，蓄水量100多亿立方米。

呼伦湖是一个构造断陷湖。在中生代侏罗纪晚期，即距今一亿三千五百万年前，由于亚洲大陆板块受太平洋板块的挤压向东南滑动，造成燕山运动，现在的呼伦贝尔地区在挤压扭曲强力的作用下，形成海拉尔"多"字形的构造及构造内部的呼伦贝尔沉降带。其低洼处积水成湖，就是现在的呼伦湖的前身。后来又由于地壳运动，湖盆继续下陷，形成了向斜地堑构造，而由于西部断裂下降较多，致使湖泊位置又由东南向西北迁移，而成今日湖泊的位置，这就是现代的呼伦湖。

呼伦湖的范围曾不止一次地扩大与缩小。当湖面缩小时，它就转变成完全的内陆洼地或者不连续的小湖泊；当湖面扩大时，它就成为一个吞吐性湖泊。在20世纪初，湖区是一些小的泡子和洼地，约在1908年克鲁伦河上涨，始将这些分割的小泡子串连在一起，从而又扩大成为较大的湖泊。以后湖水位继续发生或升或降的变化。变化的原因同新构运动的影响，历年降水量的增减及气温变化引起的地下水补给量的多寡都有关。

目前，呼伦湖的水量已初步得到人工控制而稳定，水质也从原先的屡有改变而稳定为淡水。此湖的水源，入湖的河流有由蒙古国流入的克鲁伦河和从南面中蒙边境上贝尔湖流入的乌尔逊河；雨季内西侧山区的地表水也是重要的补给水源，过去，湖水可从北端的穆得那亚河出口，流入海拉尔河后注入黑龙江的支流额尔古纳河。自1958年后，为保护北面的扎赉诺尔煤矿安全生产，穆得那亚河被堵截，湖水外流通道受阻，这个湖成为内陆湖。直至1971年在湖东侧重新挖了一条通向海拉尔河的人工河，从此有了新的出口，湖水也变淡。过去由于河流水量巨大，季节性变化再加上其他原因，湖水量在年内和年际都呈大起大落，湖面大小可有数倍的差异。如今有闸门控制湖水的涨落，湖面已趋稳定。湖水一般从11月上旬封冻，至次年5月初解冻，是我国封冻期较长的一个湖泊。

呼伦湖在古生物史上，曾有过绚丽多彩的一页。大约在1万年前，呼伦贝尔地区的古扎赉诺尔人就在湖畔捕鱼逐兽。湖滨是他们栖息繁衍的天然范围。近年来，在呼伦湖周围的草原上和扎赉诺尔煤层中，考古工作者挖掘出大批骨器、石器、陶片及猛犸象、披毛犀等古生物化石。1980年出土的一具猛犸象化石，大部完好，是我国同种属中第二具较为完整的珍贵标本。

呼伦湖还是我国北方游牧民族早先生活游猎之处。约在距今两千年前后，游牧在湖边的鲜卑人与东汉的往来日趋频繁。从古墓葬中出土的大量文物，好像使人看到了鲜卑人古朴的生活情景。近几年来，湖泊周围也出土了大量丰富的细石器，以及骨制的鱼叉、鱼镖等。

呼伦湖是北方游牧民族成长的摇篮。四周，水草丰美，是内蒙古最优良的天然牧场之一。周围的地下矿藏极为丰富。褐煤的蕴藏量丰富，颜色绚丽的玛瑙矿石随处都有。干涸的湖泊地区覆盖着茫茫的硝碱。这个湖长期来又是北方重要的淡水鱼生产基地。它有鱼类30多种，盛产鲤、鲫、白鱼、狗鱼、白鲢，还有银虾等。这里产的鱼虾，味道特别鲜美，游人多以在此一尝鲜鱼为快。湖里的浮游生物也很丰富，沼泽多，是鱼类、鸟类觅食、产卵的优良场所。春天一到，在印度洋和非洲南部过冬的疣鼻天鹅，万里来寻故地，翩然飞落到湖中，开始新的生活。疣鼻天鹅的嘴呈粉红色，前额有黑色疣突，又叫红嘴天，是世界珍贵水禽之一。

呼伦湖虽没有江南水乡泽国的湖泊那样婀娜多姿，但它有北国大自然赐予的朴素、大方和纯真的自然美，既粗犷豪放，又温柔秀丽，充满着灵气，令人无限流连。

"双湖鱼跃"是呼伦湖的胜景之一。每到七八月份时，游人们喜欢到呼伦湖通往贝尔湖的一条河汊——乌兰岗，专门观赏这种奇特的景象。在那里会看到成群的鱼儿，争先恐后，密密匝匝地聚在鱼栅前，欢跃而起。

鲤鱼跳龙门的精彩场面，使人目不暇接。

这个季节，水中的水生动植物竞相生长，鸟类的食料充足，天鹅、大雁、野鸭、水鹤、灰鹤、鱼鹰等都从远方成群结队地飞来这里产卵繁殖，翔翔于蓝天，云集于洲渚，为湖山平添无限生机，这也是呼伦湖奇景之一。

夏秋之际，是草原色彩最浓烈的时候，周围碧绿的草地上缀满各色鲜花，牛羊群犹如云块飘游在天际，湖中碧水微澜，鱼跃鸟飞，衬着蓝天，构成一幅色彩美妙的图画。

隆冬季节，雪海银湖，寒意深重，别有一番情趣。这时是捕鱼的黄金季节，湖上坚冰可通车马，人们凿冰捞鱼，鱼肥易捞，经常在顷刻之间，就金鳞闪烁，堆成鱼山。

呼伦湖滨也颇具特色。温暖的季节，水中绿萍，藻类荡漾，而密布的芦苇、水葱作成一排绿色的屏风。鱼类和鸟类常会隐藏其中，人一走近，只见游鱼闯突，水鸟惊飞，充满自然野趣。真是一个旅游、度假的好地方。

八面来水白洋淀

白洋淀在河北平原的中部，面积366平方公里，地跨保定、沧州两地区，介于任丘、安新、雄县、高阳等县之间，是一个湖水外流的湖泊。

白洋淀从北、西、南三面，汇集了潴龙河、唐河、府河、漕河、瀑河、萍河、杨村河、白沟引河等8条河流的来水，从东面入大清河，汇泄入海河，经天津入勃海。

白洋淀原是河北中部平原与太行山山前平原交接地区的洪积、冲积洼地。大约距今7000万年以前，白洋淀所在之处是大海，和今日的渤海连成一片。后来由于西面太行山区冲刷下来的泥沙不断淤积，海水变得越来越浅，有的露出水面成为陆地。而低洼处，由于海河水系洪流的漫衍和长期淤积，自然排水不畅，长年累月，滞水成湖。白洋淀完全成为平原内部的湖泊，大约距今100万年起，先后经过由海而陆，由陆而湖的复杂变迁。古白洋淀水面辽阔，比现在要大三四倍，曾是汪洋浩渺，势连天际。

白洋淀由于泥沙不断淤积，淀的容积逐渐缩小，从1924～1966年这42年，白洋淀的容积减少了两亿两千五百万立方米。加上大规模筑堤隔淀围垦，到1984年，华北平原上最大的自然淡水湖泊白洋淀干枯了，波光粼粼的蓝色湖面成了黄沙飞扬的荒滩，白洋淀生命的脉搏在逐渐微弱。直至1988年8月，几场连续的倾盆大雨之后，洪水从太行山一泻千里，几夜之间，300多平方公里干枯的土地又成了一片汪洋，为白洋淀带来了生命的源泉。

白洋淀的四周有堤防环绕，淀中像小岛一样的田园、村庄星罗棋布，沟汊洼淀纵横相连。淀中物产十分丰富，鱼鳖虾蟹，野禽家鸭，菱藕芦苇，样样都有，素有"满淀荷花千顷苇，肥美鱼虾万片菱"之誉。

　　白洋淀景色秀丽，是游览观光的好去处。泛舟淀内，一叶扁舟空行于纵横交错的河道、沟壑之中，时而又出没在芦苇丛生的青纱帐内。淀内草青水绿，水天一色，和风吹拂，心旷神怡。春挖藕，夏采莲，秋摘荷叶，一派富足繁忙的景象。在白洋淀观光尤以金秋季节为佳，洁白如雪的芦花，满天飞舞，肥鸭成群嬉于碧水，樯帆交错银鳞闪烁，水乡景色怡人，令人心醉。"鱼苇之乡"名不虚传。

颐和园中昆明湖

颐和园是我国宏伟而又瑰丽的古典园林，位于北京城西北10公里外，主要由昆明湖和万寿山所组成。

万寿山是北京西山的一支余脉，昆明湖位于万寿山的南麓。湖的西面，西山高峰耸峙。湖的东南方紧接北京平原。

昆明湖是一个半天然、半人工湖。原先这里是西山山麓洪积扇前缘由泉水汇集成的一块沼泽低地。公元1153年，金定都燕京后，金主完颜亮看中这块风水宝地，就在此建造金山行宫。到金章宗时，更从西面玉泉山引泉水注金山脚下称金水河。这就是昆明湖的前身。

到元代，水利学家郭守敬导引昌平县白浮村的泉水和玉泉山的泉水入泊。当时金山改称为瓮山，湖泊改名为瓮山泊，水面比原先扩大。明代，白浮村泉水渠道失修，水源枯竭，瓮山泊面积缩小。清代乾隆时凿深了瓮山泊并加以扩充，改名为昆明湖。

昆明湖主要向东西两面发展，有计划地把原来的湖岸上一部分土地留在湖中，便成了湖内西堤及三岛。挖出的泥土移堆于万寿山上，使这座原来较低矮的山丘大为增高。在昆明湖滨和万寿山上，历代都曾修建许多宫苑建筑，清乾隆时，营建规模超过前代，建成了宏大的清漪园。万寿山清漪园和玉泉山静明园、香山静宜园，还有畅春园、圆明园，都是当时以西山群峰为屏障而营建的大规模园林，统称为"三山五园"。

1860年，英法联军攻入北京，清漪园被焚毁。1888年，慈禧太后挪用海军经费重建此园，并改名为颐和园。解放前，这座古老的园林已趋萧条。解放后政府全力保护历史古迹，并疏浚了昆明湖，使颐和园焕然一新。

昆明湖背山面城，北宽南窄，湖周长约15公里，面积约为2.2平方公里。它湖面广阔，水色清碧，平均深度1.5米，最深处约3米。湖面有一座长堤，是仿杭州西湖而建。纵贯南北的西堤和另一小堤把湖面分为三部分：西堤以东是南湖，水面最广，偎山带景，是现在的游览中心区；西堤以西，北部称西湖，南部为调节水流的养水湖。

沿堤建有六座石桥，造型优美，形态各异。其中一座用汉白玉雕砌的玉带桥，桥拱高耸，远望如一条玉带。湖区三个部分各有一岛，象征蓬莱三岛。其中南湖岛最美丽，从岛上高处向外眺望，湖光山色尽收眼底。

昆明湖著名的十七孔桥横跨在南湖岛和东岸之间。桥长150米，像一条长虹架在粼粼碧波之上。它系仿著名的卢沟桥之作，桥上每个石栏顶部都雕有形态各异的石狮，显得精致、雄伟和美观。

十七孔桥东头湖岸上矗立着一座全国最大的八角亭，附近蹲卧着一座如真牛大小的铸造精美的铜牛，昂首竖耳、如有所闻而回首惊顾的神态，生动逼真。

由铜牛处循岸往北，湖东岸有知春亭。亭畔桃红柳绿，最早向人们报知春的信息。

在湖北岸与万寿山之间的著名的彩色长廊是我国南北园林中最长又最富于艺术性的游廊。长廊的每根枋梁上都有彩画，有山水人物，有花卉翎毛，800余幅画面溢彩流金，形态各异，风格不一，令人赞叹不已。

昆明湖西堤西部水域内的北部湖中，有团城岛，南部湖中有藻鉴堂。岛上原有的建筑，都于1860年烧毁。藻鉴堂西北的畅观堂，地势较高，可东眺颐和园全园景色。昆明湖由北向南逐渐收拢，东堤和西堤在南端汇合于绣漪桥。昆明湖水便从这座桥下注入通往北京城的长河之中。

从昆明湖岸边的"云辉玉宇"牌楼向北，经过排云门、二宫门、排云殿，通往万寿山腰的德辉殿、佛香阁，直至山顶的智慧海，形成一条层层上升的中轴线。这条前山中轴线上的建筑金碧辉煌，气势宏伟。登临这些亭台楼阁，可俯瞰昆明湖上的景色。后山中轴线上的香岩宗印之阁和分布在它四周的塔台，原是一座宏大的的西藏式寺庙，它的前方，是一座横跨后湖的三孔长桥，桥北便是颐和园的北宫门。

昆明湖后湖的东端有眺远斋、谐趣园。眺远斋地势较高，面对墙外的街道。园中之园谐趣园，是乾隆时仿无锡惠山脚下的寄畅园建造的，园内一池碧水，环岸有用百间游廊连接起来的十三座亭台楼阁，凌架于湖心的饮绿水榭，传说是慈禧太后钓鱼取乐的地方。谐趣园内，竹影拂栏，泉水叮咚，一派江南风光。

　　昆明湖和万寿山组合成绚丽多姿的颐和园。在这一片湖光山色之间，点缀着许多殿、堂、楼、阁、廊、榭、桥、亭等精美的建筑。从亭台楼阁的设计到花木的配置，从地形的运用到假山的堆积。布局得宜，浑然一体。昆明湖西堤的垂柳恰巧把颐和园西部围墙遮挡起来，从而取消了园子西部的界线。如果以万寿山佛香阁为近景的话，西堤、玉泉山就是中景，西山群峰便是远景。显得山外有山，景外有景，水阔天空，层次分明，融汇成一片壮丽的景色。俯瞰昆明湖，烟波浩渺，宛如置身于画卷之中，使人陶醉，令人神往。

湖广水秀的武汉东湖

武汉东湖是一个湖面广阔、山明水秀的风景区。东湖风景区的范围为87平方公里，其中湖面约为33平方公里，是杭州西湖的五倍多。

东湖，碧波万顷，湖岸曲折参差，港汊交错，素有九十九湾之称，湖的南面层峦叠翠，湖东丘岗绵延，湖的北部地势平坦，渔舍井然，西岸为游览中心，建有水云乡、濒湖画廊、屈原纪念馆、长天楼等，亭台楼阁，园林花圃，争芳竞艳。

东湖由郭郑湖、汤菱湖、小潭湖、雁窝等湖组成，并通过沙湖港、青山港与沙湖、杨春湖、戴家湖等相连，构成一个小型湖泊水系。东湖水系全流域面积约为190平方公里。东湖原为敞水湖，通过青山港与长江连接在一起。湖水夏涨冬枯，基本上受长江水位涨落的制约。自青山港建闸后，东湖由天然湖泊转变为人工控制的内陆水体，全湖水位变化平缓。东湖虽属浅水湖泊，但它在整个江汉湖群中相对较深，最深处近6米，平均深度为2.46米。

东湖地区在地质构造上，属淮阳山字型前弧西翼的一部分，位于东西略偏北走向的褶皱带。由于挤压十分剧烈，湖区存在一系列断裂。湖水沿着断裂谷地，深入陆地，形成众多的湖汊，构成了东湖湖湾交错、湖岸曲折的特点。据测算，全湖大小岬湾达120多个，湖岸曲折系数为著名的洪湖曲折系数的两倍以上。这种曲折的湖岸，为风景区的建设提供了很好的自然条件。

东湖基本上是长江汛期洪水泛滥，泥沙在两岸发生不等量淤积作用的产物，是河流壅塞湖。因为东湖濒临长江，在江湖之间，发育有一片冲积淤积平原，并发育有长达10多公里的环湖长条形高地，高地向东湖一侧倾斜，为长江的自然堤，堤内形成相对低下的凹地，每当汛期，长江水位高于地表时，凹地上游来水无法外泄，于是在洼地内潴水成为现今的东湖。

东湖依自然环境，分为听涛、磨山、落雁、白马、吹笛、珞洪六个游览区。

听涛区在东湖西北部。东湖大门一带有黄鹂湾、翠柳村，西岸疏柳如烟，岗峦起伏，亭阁相望，蜿蜒多变的港汊泊着众多游艇，翠柳村中有雾抱亭，四个方亭按四个方位簇立在一起，组成一个外圆内方的环形亭，内栽一株枫香树，形成亭中有树，树下有亭的奇特景观。

湖边长丘，建有听涛轩，四周植翠竹、苍松，风来湖上，竹喧、松涛与浪涛相唱和，十分动听，为听涛拍岸的雅地。迎湖石砌的护坡上，嵌有苏东坡所书"松坡"二字的青石板，为此处景色更增添几分神韵。

在开阔的草坪湖岸，临湖有一玻璃建筑物，名"水云乡"。登二楼远眺湖景，但见湖面辽阔，蓝天白云，行云碧水，真有疑身处在云雾中的感觉。

东湖听涛区建有一系列纪念中国古代伟大诗人屈原的建筑。两千多年前，伟大的爱国诗人就曾在这一带的江河土地上留下足迹，如今东湖的圆形小岛上建有行吟阁。阁高三层，层层飞檐，上覆翠瓦。阁内立红色圆柱。此阁建筑雄健而俏丽，颇富民族风格。阁前有屈原全身像，高3.6米，底座高3.2米。屈原像端庄凝重，清癯飘逸；作款款漫步之状，仿佛诗人正行吟在东湖畔，高诵长吟《天问》。

东湖西沿有翠瓦飞檐、形若宫殿的长天楼，明亮宽敞，雕镂精雅。凭窗眺望，碧波万顷，欲接蓝天，大有秋水共长天一色之感。

湖光阁，又称湖心亭。位于东湖中心狭长的芦洲上，高19米，两层八角攒尖顶，卓俊俏丽。登临阁览全湖风光，沙鸥隐现；冬季则鸿雁飞翔，另有一番野趣。

磨山游览区的主要景点有磨山、朱碑亭、植物园、樱花亭等。磨山是沿湖群山中的主要山脉。三面环水，六峰逶迤，长达8里。山上松林苍翠，奇石峥嵘，古洞幽邃。磨山六峰，以东头的山峰最为秀丽。此峰形圆如磨，故得此名。峰顶有刘备郊天台遗址。登峰眺望，舟楫往来，帆影浮隐。天际长江一线天，风光无限美。

落雁区因大雁南来北往在此停留而得名。这里泊汊交错，环境清幽，自然景色优美。有一突出湖面的小洲便是古清河桥。

白马区因白马洲而得名。此洲四面环水，与小龟山、飞蛾山隔岸相对。洲西有鲁肃的马冢。相传三国赤壁之战，鲁肃助周瑜破曹后，转回夏口时，骑白马过洲，马陷泥中而死，葬马于此，称白马洲。

珞洪区因珞珈山和洪山而得名。相传春秋战国时楚王曾在珞珈山"落驾"，所以此山原名落驾山。珞珈山巍峨横亘，冈峦林立，山光水色，交相辉映。近山湖中有"浪淘石"，累累罗列，苍翠夺目。此石面积约3000平方米，大部被水淹没。突出水面者大小计十余石，列峙于粼粼碧波之中，俨如海上琼山。

东湖浩瀚如海，不仅风光迷人，而且物产丰富，其中武昌鱼最著名，宋、元时期武昌鱼就在名人诗篇中屡见不鲜。如今，湖景千变万化，漫游在东湖边，大有步移景换之感，的确使人心旷神怡，流连忘返。

鱼米之乡洞庭湖

洞庭湖是我国第三大淡水湖，它浩浩荡荡，气象万千，素以宏伟、富饶、美丽著称于世。

洞庭湖，位于长江中游，跨湘、鄂两省，面积2820平方公里。在远古时代，即大约二亿五千万年以前，洞庭湖区与湖北的江汉平原，同为雪峰山脉的陷落部分，称作"断陷湖盆"。由于这一带地势低洼，长江以及湘、资、沅、澧四水从上游流至此处后，河道迂回曲折，泥沙不断沉积，以至江水四溢，逐渐形成巨大的水乡泽国。

由于历史和地理上的变迁，洞庭湖的名称历来有几说。一说为"九江"，是因湖水汇集了9条河流。再一说，叫做"五诸"。因有长江和湘、资、沅、澧5条大河汇诸之意。还有一说，即云梦。《书经》《周礼》等古书上都有"云梦"的记载。梦，是当时楚国方言湖泽的意思。

到了战国后期，由于泥沙的沉积，云梦泽分为南北两部分，长江以北成为沼泽地带，长江以南还保持一片浩瀚的大湖，自此不再叫云梦，而将这片大湖称之为洞庭湖。因为湖中有一著名的君山，原名洞庭山。后世就指洞庭两字为湖名，这就是洞庭湖名称的由来。

洞庭湖碧水共天，古往今来，历朝历代，对它的记载和描绘无尽其数。战国时代，伟大的诗人屈原在他的诗歌中，反复吟咏过美丽的洞庭湖，在《湘君》、《湘夫人》诗篇中，屈原根据民间传说，把洞庭湖描绘成神仙出没之所：一对美貌的恋爱之神，乘着轻快如飞的桂舟，游弋在秋风袅袅的洞庭碧波上。

人们常说的"八百里洞庭"一语，出现于唐宋时期的诗文中，洞庭湖的潋滟澄波和壮丽景色、恢宏气势激发起诗人们的无限诗情。唐代伟大的两位诗人李白和杜甫均有描绘洞庭湖的名句千古传诵。李白《秋登巴陵望洞庭》诗曰："清晨登巴陵，周览无不极。明湖映天光，彻底见秋色。秋色何苍然，际海俱澄鲜。山青灭远树，水绿无寒烟……"杜甫形容浩渺洞庭为"吴楚东南坼，乾坤日夜浮"。白居易云："猿攀树立啼何苦，雁点湖飞渡亦难。"正因为湖水幽深莫测，浩浩无涯，使人们产生了丰富的想象。

明清时期，洞庭湖仍十分广阔，湖泊面积约为6000平方公里。明代诗人巍允贞有"洞庭天下水"的诗句。

如今，洞庭湖湖面虽大大萎缩，但仍然相当宽广；洞庭平原肥田沃土，阡陌纵横，绿树成荫，如诗如画。

洞庭湖，水天一色，渺渺似海，自古风光卓绝，胜迹无数。其中当推荡漾湖中的君山和耸立湖畔的岳阳楼最负盛名。

君山，古称湘山，又名洞庭山，是湖中一个晶莹如碧玉的小岛。总面积0.96平方公里，最高峰海拔63.5米，呈椭圆形，上有数十个山峰，较大的有十二峰，峰峦盘结，沟壑回环。君山虽小，但它在一湖浩荡的活水映衬下，显得无比秀美，历代文人名士对它吟咏不绝。唐朝李白有"淡扫明湖开玉镜，丹青画出是君山"之句，赞叹它美如图画。但描绘君山最为生动而形象的佳句首推唐代刘禹锡的诗："湖光秋月两相和，潭面无风镜未磨。遥望洞庭山水翠，白银盘里一青螺。"

由于君山浮于波面，云雾缭绕，忽隐忽现，容易使人产生奇异的幻觉，引起丰富的想象，在悠久的历史中便孕育了许多优美的神话传说。这些神话传说不但赞颂了君山的奇丽，也说明很早以前，这里就有中华民族祖先的足迹。近年来在君山发现一处新石器时代遗址，出土了陶片和石斧，充分证明，早在五六千年前，我们的祖先就生息繁衍在这一带。

岳阳楼雄踞于岳阳古城西隅，东倚巴陵山，西临洞庭湖，北枕万里长江，南望三湘四水，气势豪壮不凡。它与武昌的黄鹤楼、南昌的滕王阁同为我国著名的江南三大名楼，自古有"洞庭天下水，岳阳天下楼"的盛誉。

岳阳楼为千古名胜。唐开元四年，即公元716年，中书令张说谪守岳州，把阅军楼扩建为一座楼阁，后遂名岳阳楼。张说擅长文辞，常与文人墨客登楼远眺，把酒临风，吟诗作赋。从此，楼台日渐名著。李白、杜甫、刘禹锡、白居易、韩愈、李商隐、孟浩然等风邀云集，接踵而来。诗人们或登楼，或泛舟，奋笔书怀，写下了成百上千语工意新的名篇佳句。如李白的《与夏十二登岳阳楼》、杜甫的《登岳阳楼》、白居易的《题岳阳楼》等等。然而岳阳楼真正闻名天下，是在北宋滕子京重修，范仲淹作《岳阳楼记》以后。

当时，滕子京将一册《洞庭晚秋》图并《求记书》寄给他的好友、大文学家、政治家、军事家范仲淹。当时正在邓州戍边的范仲淹写下了《岳阳楼记》。全篇369个字，字字珠玑。内容博大，哲理精深，意境深邃，文情并茂，堪称绝笔。其中"先天下之忧而忧，后天下之乐而乐"一句千古传诵，成为中国历代知识分子伟岸人格的标志。

洞庭湖不仅风光佳绝，而且素称鱼米之乡，滨湖盛产稻谷，湖中盛产鱼虾，自古为我国淡水鱼著名产地。如今湖里盛产鲤鱼、鲫鱼、银鱼、凤尾鱼和虾、蟹、龟、鳖、鳝、鳗、蚌等百余种水产，还生长着珍稀的白鳍豚。洞庭鱼中最大的是鲟鱼，重达200～300公斤；最小而又最名贵的是银鱼。洞庭银鱼，历史上即颇负盛名。

洞庭湖的"湖中湖"莲湖，盛产驰名中外的湘莲，颗粒饱满，肉质鲜嫩，历代被视为莲中之珍。每当荷花盛开季节，满湖荷叶衬托着婷婷玉立的花朵，素雅高洁，"出污泥而不染，濯清涟而不妖"。

洞庭湖中的君山不仅风景佳丽，而且有许多名产奇珍，其中尤以君山茶闻名，自唐代即被列为贡茶。君山银针茶在茶树刚冒出一个芽头时采摘，经十几道工序制成。它内呈橙黄色，外裹一层白毫，故得一雅号，叫金镶玉。冲泡后，开始茶叶全部冲向水面，继而徐徐下沉，最后全部竖立杯底。堆绿叠翠，宛如刀枪林立，酷似嫩笋出土，确为茶中奇观。入口清香沁人，齿颊留芳。

洞庭湖博大恢宏，曾孕育过灿烂的文化，有着悠久辉煌的历史，作为我国湖泊文化的代表，洞庭湖是当之无愧的。

河谷水库松花湖

松花湖坐落在吉林省境内，是一个蜿蜒曲折的大型人工河谷水库，为吉林省最大的湖泊。全长约200公里，面积550平方公里。平均水深20米，最深处为80米。

松花湖湖区狭长，湖汊众多，从空中俯瞰，状如一条飞舞的蛟龙。它为崇山峻岭所环绕，湖区周围海拔1000米以上的高山有几十座。湖宽处烟波浩渺，一碧万顷；湖窄处巨岩夹峙，山影如墨，如长卷般怡静舒展。

松花湖具有多种自然资源，除发电外，还发挥着防洪、灌溉、航运、渔业、旅游等多方面的作用。作为著名的旅游和疗养胜地，松花湖得天独厚。沿岸山岭起伏，层峦叠嶂，空气清新洁净，湖水清澈照人，是旅游度假的好地方。

松花湖区属温带大陆季风气候，四季皆景。春来湖水绿如蓝，更有湖滨万紫千红的鲜花点缀；夏有浓浓的绿荫，倒映在湖中的群山全是浓绿一片，染得湖水绿意更浓；秋天，红枫欲燃，渔帆点点行驶湖中，鱼跃鸟翔；冬天，雪满山原，冰封湖面，整个湖区银装素裹，分外妖娆。

游人可以乘坐北国特有的雪橇驰骋在松花湖上，马铃声声雪橇飞，真是一番绝妙的北国风光。夜晚，在松花湖上凿冰捕鱼的场景更是壮观，头顶繁星点点，脚下灯火闪闪，星月渔火银鳞，交相辉映，在此捕鱼游玩，别有情趣，使人终生难忘。

松花湖周围森林茂密，林地面积446万亩，森林覆盖率为59.1%。森林中有原始林、天然次生林和人工林。山林中还盛产名贵药材，如人参、黄芪、北五味子、天麻、瑞香、贝母、党参等，堪称百药之乡。

松花湖是巨大的天然鱼池，湖中的鱼有近百种。盛产鲢、鲫、鳌花、青鳞、鳊花等。白鱼是松花湖中的佳品，它身体扁长，肉质鲜美。令游客最为欣赏的是在松花湖吃鱼都是现捕现做，银鳞闪闪，鱼香阵阵，特别鲜嫩美味。

　　坐游船游览松花湖，只见上下水天一色，万顷碧涛之上浮现着一座座岛屿。

　　松花湖上怪石林立，松柏挺秀，湖水深碧。从白牡丹峰溯水而上，两岸是片片白桦树林，那亭亭玉立的树干，闪着银白色的光泽，极为醒目，被称为森林家族中的美丽少女。壮丽的松花湖，水之静，松之秀，石之异，令人赞叹不已。

"高山天镜"——镜泊湖

镜泊湖是我国最大的高山堰塞湖，海拔350米以上，镜泊湖周围山峰海拔1000米左右。镜泊湖以风静、湖平而得名，就是清平如镜的意思。

镜泊湖坐落在黑龙江省附近的崇山峻岭中，地处松花江重要支流牡丹江的上游。南北长达45公里，湖面为90多平方公里，平均深度为45米，最深处74米。它是由松乙河、大加集河、小加集河、房身河以及牡丹江上游大小两条水系汇集而形成的。

大约在距今一万多年前的第四纪更新世中晚期，这里附近发生火山活动，大量的玄武岩熔岩喷溢而出，熔岩从西向东流至现在的瀑布附近，把牡丹江拦腰截住，就形成了这个高山堰塞湖。

风光秀美的镜泊湖，每到夏秋时节，湖区内花红水碧，鱼跃禽翔，岚影沉浮，霞光掩映，一派恬静秀丽的大自然风光。其中，飞瀑、大孤山、白石砬子、小孤山、城墙砬子、珍珠门、道士山、老鸹砬子等，作为著名的"镜泊八景"，更是闻名遐迩。

飞瀑，即有名的吊水楼瀑布，位于湖的最北端。飞流从20余米高的地方泻下，宽40多米，翻滚着白色的浪花，飞溅着似玉如银的水珠，并发出续而不断的春雷般的响声，气势雄壮磅礴。

大孤山，在瀑布南10余公里。它是地壳断裂后遗留下来的残块，露在水面上，周长近一公里。由花岗岩组成，高出水面约150米，是湖中最大的岛屿。山上林木荫郁，水天相映。西部山势陡峭，直垂于水面。大孤山孑然一身，这便是它名字的由来。

白石砬子位于镜泊湖北，险峻陡峭。因岩壁上常年积聚了大量的水禽粪便，呈白色，故得此名。

从白石砬子逆流而上，千回百转，水面上出现一座小巧玲珑、宛若刺猬般的小礁山，这就是小孤山。它也是断裂的残块，形如盆景。山上开放着五颜六色的花儿，还有白杨和老榆，点缀起来相映成趣。朝阳临湖，旭光万道，更加秀丽迷人。

城墙砬子位于小孤山西南的岸上。山岩峭立，怪石峥嵘，这是一座古城址。史料记载，这座古城建于唐朝渤海国时期，城垣为花岗岩砌成，城西门至今完好。城中有水井三眼，依稀可辨。城池三面临湖，悬崖绝壁。欲想登山，比较艰难。山城为镜泊群山之巅，居城俯瞰，镜泊风貌，尽收眼底。

过了城墙砬子，便是珍珠门。但见两座玲珑俊秀的小山，宛若珍珠，对峙湖中，中间相隔10米左右，仿佛一道天然门户。两座小山都在百平方米左右，岸陡坡险，怪石嶙峋。

道士山在湖的南部。山上有座庙墟，相传建于清朝咸丰年间，名为"三清庙"。湖畔有九山的岭脊伸向湖中的道士山，若把道士山比作明珠，就像九龙戏珠，又如九龙探母，令人浮想联翩。

老鸹砬子是玄武岩胶结而成的石岛。东西坡是陡峭的岩壁，南北部之间凹陷，像一只老鸹静卧。

镜泊湖水产丰富，在长达百里的湖水中，生长着各种鱼类，如红尾鱼、青鱼、鲢鱼、鲤鱼、鲫鱼、鳌花鱼、折罗鱼、大白鱼等，有好几十种之多。近年又从长江运来花鲢和草鲢，从乌苏里江移来大马哈鱼种，镜泊湖水产越来越丰富，已是名扬遐迩。镜泊湖的湖水很清，两岸山峦绵亘，船行至山崖处，似乎有点三峡气派。更奇特的是，这个湖曲折蜿蜒。小船转过一个弯，又是一面大湖。实际上是由七面大湖连串而成，难怪秦牧形容其风光时说："山穷水尽疑无路，抹角拐弯又一湖"。镜泊湖的确山清水秀，景色怡人，令人陶醉。

万顷碧波鄱阳湖

鄱阳湖是世界上最大的白鹤栖息地。坐落在中国四大名山之一的庐山脚下，是中国第一大淡水湖。

鄱阳湖位于长江中下游的南岸，江西省的北部，古名彭蠡，亦称彭泽或彭湖，隋炀帝时，因湖中有座鄱阳山，从此改名叫鄱阳湖。

鄱阳湖，烟波浩渺，一碧万顷。目前，湖面大致南起三阳，北至湖口，西到吴城，东抵波阳，南北长达170公里，东西宽为74公里，周长600公里左右，最深处为16米。它的水面因季节变化伸缩性很大，历来有"洪水一片，枯水一线"之说。在枯水期，湖的面积为500平方公里；平水期湖的面积约为3960平方公里；最大洪水时，达5000多平方公里。它的容积为248.9亿立方米。

鄱阳湖承纳了赣江、抚河、信江、修水、饶河等五大河和若干独流入湖诸水，北注长江，汇归大海。一条条晶莹绵长的河流与星罗棋布的湖泊塘堰，构成了独具风姿的向心状鄱阳湖水系。

鄱阳湖形似葫芦，北面有一条瓶颈般的狭窄水道与长江相通。按其独特位置，以都昌和吴城之间的松门山为界，分南北两湖。北湖地跨星子、德安、都昌、九江、湖口五县境，位处湖体之西北，亦称西鄱阳湖。湖面狭窄，似葫芦上部的长颈，实际上是一条狭江港道。南湖在新建、南昌、进贤、余干、万年、波阳、永修诸县，地当湖体之东南。湖面宽阔，形像葫芦的下半部，烟波浩森，水天相接，是鄱阳湖的主要水域。

鄱阳湖水系，流域面积约16万平方公里，占江西省总面积的96.2%。年平均入湖水量约为1500亿立方米，最大时达2300亿立方米，而每年鄱阳湖注入长江的水量，约占长江大通站年平均流量的1/5。由于鄱阳湖湖面辽阔，容积大，五河之水通过它调蓄后注入长江，对长江中下游水势有很大的和缓作用。鄱阳湖水系的洪水对于长江中下游的洪汛影响不大，即使在长江中上游汛期提前或五河洪水期延迟、江湖洪峰碰头的情况下，鄱阳湖也可滞蓄洪水，缓冲长江的水位。

鄱阳湖周围是一片平畴万顷、沃野千里的湖滨平原——鄱阳湖平原。这个平原亦称赣北平原，是长江中下游平原的一部分，由江西五河及长江冲积而成，面积约39000平方公里。在平原上，无数的小湖泊星罗棋布，河湖息息相通，河湖港汊之间良田美畴，是名副其实的水乡泽国。而且一年四季景色变幻殊异，环境十分优美。

鄱阳湖北面的一条瓶颈般的港道，是鄱阳湖唯一的外泄通道。这条通道是沿着湖口—星子大断裂的脆弱带发育而成的，水面狭窄紧缩，长约50公里，宽3.5～6.5公里。通道两侧多砂岩、页岩和灰岩组成的山丘，高出湖面一般在100米以下。惟有坐落在通道西侧的庐山，绝壁千仞，高出湖面1500左右。在通道出口处的湖口，还有一座石钟山，此山并不高，却很有名，因位置险要，素有"江湖锁钥"之称。

鄱阳湖水波浩瀚，港汊众多，水温适宜，是鱼类生活的广阔天地。辽阔的湖滩，丰富的水草，繁多的浮游生物，肥沃的水质，更为鱼类生存提供了充足的天然饵料。湖内有鱼类90多种，其中经济价值较高、产量较大的就有20多种。其中尤以体纤透明、味道鲜美的银鱼和肉质肥嫩、鳞下多

脂肪的鳊鱼最为驰名，为鄱阳湖名产。

鄱阳湖是中国大地上的一颗明珠，朗日清风，天高云淡之时，鄱阳湖碧水共天，风帆浮隐，直接长空，排筏连绵，宛若游龙。它是赣域四通八达的天然水运枢纽。鄱阳湖水域宽广，一望无际，有大海般的壮阔与雄美。每当渔汛季节，湖上千帆竞发破巨浪，万网收拢鱼满舱。沿湖市场，处处一派繁忙喜悦的丰收景象。众多的湖港湖汊，不仅是鱼类产卵的良好场所，而且还是天鹅、黑鹳、白鹳、白鹤、白枕鹤和野鸭栖息之所。傍晚之际，晚霞浮动，水鸟回飞，别有一番情趣。每年洪水退后，鄱阳湖便袒露出无数浅滩湖州，上皆淤泥，是谓"漂田"，栽下秧苗，不须管理，只待秋后举镰。足见鄱阳湖的富饶。

鄱阳湖风光旖旎，名胜古迹众多，是著名的游览胜地。庐山、石钟山、南山、鞋山等脍炙人口的名胜，都融汇于鄱阳湖这幅巨大的画卷之中。

庐山，坐落在鄱阳湖的西北部，是著名的避暑胜地，它为地垒式断块山，多险绝胜景，有仙人洞石松横空，五老峰山姿奇特，龙首崖苍龙昂首，大天池霞落云飞，白鹿洞四山回合，玉渊潭惊波奔流，秀蜂山奇水秀碑刻如林，含鄱口外江湖浩荡，千帆竞发，不愧有"匡庐奇秀甲天下"的誉称。

鞋山，又称大孤山、大姑山，在湖口县境内的鄱阳湖中，是第四纪冰川期形成的大石岛。因其形状如鞋，故得此名。鞋山高90余米，周长100余米。西南系湖水入口的要道婴于口，东南群山起伏，西面匡庐崛起，北扼湖口，南镇鄱阳湖，为历代战略要地。鞋山四面临水，一峰耸立，陡峭峥嵘，秀丽奇特。站立其上，匡庐山色，鄱阳湖水光，尽入眼帘。鞋山以清幽著称，岛上林木苍郁，湖水生寒。酷夏在岛上避暑，如入仙境。

靠近都昌县的鄱阳湖中，有一挺拔秀丽的南山，像气宇轩昂的中流砥石，耸立在万顷碧波中。苏东坡曾慕名游南山，写下了《过都昌》的著名诗篇："鄱阳湖上都昌县，灯火楼台一万家。水隔南山人不渡，东风吹老碧桃花。"南山与都昌县城隔湖水相望，如今，在县城与南山之间已筑起了一道横贯鄱阳湖水面的石砌长堤，一条长堤成坦途，人可安步到南山，再也不用感叹"水隔南山人不渡"了。

石钟山坐落在湖口县城双钟镇，巍然雄峙于长江之滨、鄱阳湖口。石钟山自古就是游览胜地，它驰誉天下，除了得天独厚的地理位置和秀丽景色外，尤为令人乐道的，是因为宋代著名文学家苏东坡夜泊绝壁之下探访石钟，写下了名噪千古的佳作《石钟山记》。石钟山分上石钟山、下石钟山，一倚南临湖，一靠北濒江。上、下石钟相距约1公里，山体皆小，海拔也低。

石钟山名的缘由，历来众说纷纭。北魏郦道元在《水经注》中说，石钟山"下临深潭，微风鼓浪，水石相搏，响若洪钟，因受其称。"宋代苏东坡为探究石钟山得名的真正缘由，于月夜乘舟亲临绝壁之下考察，发现"山下皆石穴罅，不知其浅深，微波入焉。涵澹澎湃而为此也。"这说明，石钟山下多洞穴裂缝，微风鼓浪，江湖之水涌灌洞内，冲击洞顶、洞壁，轰然发声如钟鸣。明清两代及近代，又有不少人对石钟山名的来历发表己见，有同意苏东坡之说的，也有提出质疑的。对石钟山名的探究增添了游人的意趣。

双钟山中，著名的是下石钟山，它傲然屹立于长江鄱阳湖之滨，犹如一把锁头挂在湖口门前，故有江湖锁钥之称。承平之世，游人不绝，成为游览胜境。山上亭阁玲珑，回廊曲折。这些建筑结构优美卓越，布局变化如画。现存江天一览亭、芸芍斋等，俱为清代所建，皆因势构筑，上下错综，曲径沟通，庭院穿插，显得处处通幽，美不胜收。

下石钟山不仅人工点缀别致，天然美景更引人入胜。山前长江的茫茫迷雾和滔滔江水把山的轮廓勾勒得格外嶙峋有致。若乘小船从石钟山脚下驶过。但见红岩壁立，岩壁上的青松直伸空际；没入水中的岩石被浪涛拍打得玲珑剔透，一行行幽邃曲折的穴缝迎水而入，仿佛通向深深的远处。如登至山顶极目眺望，长江浩荡而来，一泻千里，鄱阳湖水万川归一，蜂涌而出。江、湖水的汇合处，水线分明，江流混浊，湖水碧清，始终以截然不同的水色"划"出了一条奇妙的界线，点点白帆，万千桅樯，在蓝天白云掩映下犹如壮丽的水天帆影图。

现今，鄱阳湖又出现珍禽蔽空、万鸟齐鸣壮景，吸引了大批国内外鸟类爱好者、旅游者。鄱阳湖湖面浩瀚，饵料丰富，气候湿润，是白

湖泊风光

鹤、天鹅、白鹳、黑鹳等多种世界稀有珍禽的理想越冬之地。每年10月白鹤等珍禽由北方飞抵鄱阳湖越冬栖息，次年3月北归。据初步统计，湖区共有鸟类280多种，其中水禽有69种，世界珍禽10多种，世界上几乎濒临绝迹的白鹤，在鄱阳湖区有1500多只，令前来观赏的世界野生生物基金会会长、英国爱丁堡公爵菲利普亲王、国际鹤类基金会会长等人惊喜万分，认为鄱阳湖是世界白鹤的故乡，是世界上不可多得的"珍禽王国"。

神秘的九寨沟"海子"

　　九寨沟总面积为620平方公里，从山间至河谷，遍布茂密的原始森林。四周群山如拱如揖，数十座积雪终年不化的皑皑银峰，高插云霄。更奇绝的是，从海拔1800米的沟口到海拔3000米左右的沟顶，阶梯般的分布着100多个美妙绝伦的湖泊，当地人又称之为"海子"。由于河谷地形呈台阶式，湖与湖之间形成许多瀑布。九寨沟以雪山、森林、湖泊、瀑布四大景观赢得了"人间仙境"之誉。其中尤以湖泊最盛名，被称为川北的明珠。

　　九寨沟一带古称"翠海"。在108个海子中，小者数平方米，最大者长达7公里。与普通的湖泊不同，九寨沟的湖水含有大量的碳酸钙质，湖底、湖堤均系乳白色的碳酸钙形成的结晶体，来自雪山融水、森林流泉的湖水异常洁净，再加之梯湖的层层过滤，其水色清澈如镜，蓝碧晶莹。湖泊能见度达一二十米深。湖中水藻繁生，湖底色彩斑斓的沉积石在阳光照射下，呈现出蓝、黄、橙、绿等色彩，绚丽夺目。湛蓝的天空、银白的雪峰、翠绿的森林，一齐倒映湖水中，美丽如画。

　　从湖泊分类学上划分，九寨沟的海子多属于堰塞湖，也有少数属于冰川剥蚀湖等。堰塞湖，是河道因山崩、冰碛物、泥石流或者火山熔岩阻塞等原因而形成的湖泊。据有关专家认为，形成九寨沟湖泊的具体原因有两种：一是由流水中存在的大量碳酸钙质结成堤埂阻塞山谷流水而形成的；另一是大地震引起的山崩堵塞山谷，地下水和天然水蓄积堤内而形成的。大约在第四纪的早更新世初期，川西北地区是一片宽浅的湖泊。到了中更新世时，随着喜马拉雅造山运动，上述地区的地壳上升，大多数湖泊消失了，只有少数断陷湖泊留存下来。到了晚更新世时期，由于地壳不够稳定，地面冰期和间冰期交替出现，水中的碳酸钙质没有结成众多钙质堤埂的条件。直到距今一万二千多年前的全新世，世界性气候变暖，地壳比较稳定，流水中的碳酸钙质才有可能凝结成堤埂。这种堤埂的形成是一个漫长的过程，当流水遇到障碍物时，碳酸钙就沉积下来，日积月累，便以障碍物为主体，注塑成了乳白色的钙质堤埂。随着时间的流逝，钙质堤埂越来越高，越来越坚固。流水蓄积堤内，从而形成众多的湖泊。九寨沟的这类堰塞湖，以树正群海最具代表性。

树正群海，集中着40多个大小海子，大的数平方公里，小的半米见方，首尾相连，逶迤10多里。其中的卧龙湖，又称藏龙湖，湖心有一条乳黄色的碳酸钙质堤埂，好像长龙横卧湖底。掠过湖面的山风漾起粼粼碧波，那长龙摇头摆尾，呼之欲出。在许多钙质堤埂上，苔草和杂树丛生，流水穿行其中，舞动着杂树长长的红色根须。

第二种原因形成的堰塞湖，数量不多。九寨沟一带位于"川甘地震带"，由于地震引起的山崩堵塞山谷，山地流水和地下水蓄积堤内，从而形成湖泊。在长海和五花海的堤埂附近，可以看到地震造成的巨大堆积物和流石滩，这两个湖泊都没有任何出水口。

长海是九寨沟最大、海拔最高的海子。它长7公里，宽约1公里，海拔3000多米。四周的山峰披着银装，原始森林从雪山一直伸展到湖畔，使湖水显得格外深碧。风烟雨雪，奇幻百出；朝辉夕阻，气象万千。春秋季节，绿绒般的湖面倒映出百花簇拥着雪山，雪山映衬着火红的枫叶，难辨究竟是冬日春景，还是秋景冬日。

镜海以恬静著称，湖面清澈如镜。蓝天白云，远山近树，倒映湖中。湖岸松萝绕树，苔藓铺地，古态盎然。几株倒伏在水中的古树，或半浮半沉，或只露出一段梢头，那冒出水面的部分，用它们的腐殖质养活着茸茸青草或几株嫩黄的水柳，成为海子中天然的盆景、小岛、浮桥。如有微风拂过湖面，镜海如同一匹揉皱的锦缎。水波轻漾，湖中的山、云、树一起晃晃悠悠，一切静物都有了生命。晨昏漫步海边，仿佛来到仙境，美妙无比。

则查洼沟的五彩池和日则沟的五花海，是九寨沟海子中的精粹。海子中生长着水绵、轮藻、水蕨等水生植物形成的水生群落，同时还生长着芦苇、节节草、水灯芯等草本植物组成的另一种水生群落。由于这些水生群落所含叶绿素深浅不同，在含碳酸钙质的湖水里，呈现出不同的颜色。同一海子中，有的地方水色蔚蓝，有的地方水色浅绿，有的地方水色绛黄，有的地方水色漾红。当阳光直射、山风吹拂或以石击水时，海子中泛起阵阵金红、碧澄、翠绿、孔雀蓝、淡紫、青黑的涟漪，仿佛大自然的所有绚丽之色都融于了一湖之中。

九寨沟的海子各具个性，它们偎依山岩，环绕森林，各显秀姿丰韵。熊猫海与箭竹海是一对姊妹海，海水澄明，岸上箭竹吐翠，偶有熊猫到海边饮水，在竹丛嬉戏觅食。海边的浑圆大白石上，有几圈天然的黑色斑纹，就像憨态可掬的熊猫。藏胞说这是熊猫常到海边饮水印下的痕迹。

芦苇海，芦苇丛生，水飞飞翔，一条清流蜿蜒穿行其中。深秋，芦苇由青翠转为苍黄，雪白的芦花飘飞湖中，满湖流丹飞白。

天鹅海，藏名各依措。峭壁耸立处有一孤峰直冲云霄，如利剑指向青天，高500多米，有山泉分六股从上飞出，极为壮观。天鹅海海面上长满湖草和野花，宛如巨型的天鹅绒绿毯，幽邃的湖中天鹅时来时去，成群结队游弋穿梭。

火花海，水色深蓝，每当阳光照耀，水面似有朵朵火花，闪闪烁烁，蔚为奇观。还有盆景海、芳草海、流翠滩、双龙海、犀牛海等等，都各有其美，绚丽多姿，笔墨难以一一描绘。

九寨沟的色彩以金秋季节最为丰富。山上湖畔，林间枝头，五彩斑斓。浅黄的椴叶、深橙的黄栌、绛红的山槐、朱紫的山杏、紫红的波斯菊、殷红的野果，杂糅在黛绿的树丛中，倒映在碧蓝的湖水上，整个是一幅立体的、流动的油画。

在九寨沟，将明镜般的彩湖联系起来的是飘若白练、奔湍漫溢的溪瀑。流水随着地形的起伏，陡折缓峻，或跌落成瀑群，或散漫成溪滩。千姿百态的飞瀑流泉声色俱美，与众多的海子动静结合，形影变幻，使之达到了至善至美的境界。

九寨沟海子是令人叹为观止的湖泊群，可算是世界上最美的水体，真是奇绝天下，举世无双。

"高原之湖"——邛海

邛海是四川凉山的一颗明珠，距西昌城东南5公里，是高原湖泊。面积约31平方公里，状如出壳蜗牛。

邛海是迤迤闻名的风景湖，它东依大凉山，南面泸山，湖水漾漾碧色，细浪平铺。西昌，因月色美妙，享有"月城"的美称，尤其是邛海的月夜，格外明媚。真到了"月出邛池水，空明激九霄"的意境。

邛海之所以被称为"海"，是因为它不但有湖泊柔和、妩媚的情调，也兼有海的气魄，雄伟而壮观。当其浪静波平的时候，万顷碧水，一平如镜，南岸垂柳丝丝，西渚莲叶田田，近北海岸的渔村，树下缆着小小篷船，俨然一派柔媚的江南山水。而当狂风暴雨袭来之时，邛海白浪滔天，惊涛拍岸，群兔惊飞，轻舟欲颠，显示出海的气势。

邛海的景色，四季各异。春天，风暖柳青，碧波荡漾。夏季，莲荷摇曳，清香四溢，山寺渔村均笼罩在碧色之中。秋天，蒲苇苒苒，落絮飞花；金风乍起，湖水推波逐浪，银柱涌起数里，仿佛成千上万的白鹅嬉戏湖中，当地称作"白鹅浪"。冬天，邛海另有一番令人神往的景色，四面远山白雪皑皑，奇怪的是，纷纷扬扬的雪花飘落到山脚就突然停止，再也不往湖上空飞舞了，以至在环湖的山麓边缘上自然地构成一道黑白分明的雪线，犹如一位白衣黑裙的女郎席地而坐，临池梳妆。

然而湛蓝无云的十五之夜，才是邛海最美的时光。皓月临空，一湖银晖，水天二月，令人欲醉。邛海上空的月亮格外圆，特别亮，确有其科学道理。因西昌地处横断山脉的小盆地安宁河谷地带，东面是大凉山脉，南边是螺吉山脉，西面是牦牛山脉，北边是大相山脉。它被四面的崇山峻岭所包围，西伯利亚和太平洋上的寒流不易侵入，虽然地处云贵高原，而气候却属亚热带，日照长，四季如春，约三年才有一个雾天。白天红日朗照，万里无云，到了晚上自然天高云淡，月亮能见度大，每逢十五之夜，月亮更是又圆又大，银辉泻地，为邛海带来了无与伦比的月景。

听居住在邛海边的人说：当晚霞映照邛海的时候，海水晶莹，水平如镜，有时隐约可以看到一座海底城镇的轮廓，传为几千年前地陷为泽时下沉的城街遗址。也有人解释这是西昌城的景象折射到水中的一种物理现象。

邛海为重碳钙性水，质份肥沃，藻类茂盛，盛产多种鱼类，如鲤鱼、乌鱼、白鲢、鲶鱼等，其中以大嘴鲶鱼为上品，肉质肥嫩而鲜美。放养的牡蛎、珠蚌使邛海更为富足，成为凉山名副其实的明珠。

邛海边上，最著名的是被誉为"蓬莱遗胜"的泸山，它从邛海边拔地而起，海拔2238米，远远望去，很像一只昂首朝天的青蛙。泸山山势雄奇，酷似剽悍魁梧的勇士，护卫着俊俏秀丽的邛海姑娘。泸山自下而上有十三座唐宋古刹，错落有致地镶嵌在苍松翠柏之间。无论哪一层庙宇，都建有高出林木的"望海楼"，可以俯视邛海。

泸山上的蒙段祠，是彝族的祖庙，建于唐朝南诏时期，祠内供奉蒙段氏塑像。最为珍贵的是祠里藏有记载了明清以来西昌地区地震资料的百余通石碑。对地震发生时间、震兆、前震、主震、余震、受震范围及震后人员伤亡、建筑物破坏情况等，均有详尽记载。这座国内罕见的地震碑林，具有相当高的科学研究价值。

光福寺前的汉柏，相传是西汉惠帝时所植，有2175道年轮，主干径围11米。还有明代桂树，一年开花数度，花令时节，香飘数里，被称为奇桂。每逢风起，泸山松涛阵阵，邛海浪花推涌，用"松涛声海涛声声声相应，天中月水中月月月齐明"来形容，真是再贴切不过了。

游人置身泸山峰顶，可见群山叠翠，云岫无常；俯视邛海，云影波光迷离，水天蔚蓝一色，足以荡涤胸怀。

湖泊风光

"高原明珠"——滇池

滇池是我国云贵高原最大的湖泊，它烟波浩渺，风姿秀逸，被誉为云贵高原上一颗最耀眼的明珠。

滇池湖面海拔1885米，湖面南北长39公里，东西宽13.5公里，面积330平方公里，湖岸线长199.5公里。滇池是由地层断裂下陷而形成的构造湖泊。大约距今200万年以前，滇池及其周围平原是地壳上升地区，后经过长期的侵蚀，地势低下。喜马拉雅运动之后，这里的地壳升降运动仍在继续进行。滇池及其周围平原成为较低的湖盆。滇池西侧的西山则由下陷而断裂上升，高低悬殊，流水汇聚于湖盆，形成了滇池。早期的滇池面积比现在的大得多，由于气候变化等因素，环湖的沉积平原越来越宽阔，湖面日渐缩减，目前滇池面积已比早期滇池面积缩小近三分之一。

滇池的水源丰富，有盘龙江、海源、金汁、银汁、白沙、宝象、马料、昆阳等大小20多条河水从四周源源汇聚，其中以纵贯南北、穿越昆明市区的盘龙江为最大。相传，宋代大理国时期，堤岸遍植白色的素馨花，被称为银棱河；而它的一条分支，堤岸栽种黄色的迎春花，被称为金棱河。

滇池的出水口，称"海口"，湖水向西北折，称为螳螂川，北入金沙江。滇池属金沙江水系。几千年来，滇池流域灌溉着宽广的昆明盆地平原。昆明沃野千里，良田万亩，是云南最富裕的坝子之一，是著名的高原江南，这与滇池之水是分不开的。滇池四周，碧峰耸峙，林木苍莽，山脉均属昆仑山系，云岭山脉的东支逶迤南下，总称乌蒙山。滇池紧靠西山脚下，秀水拍岸，天光云影，构成一幅天然的图画。

滇池的面积相当于杭州西湖的50倍，因此它既有湖泊的妩媚韵致，又兼有大海的壮阔气势。朝霞夕辉，朗月疏星，薄雾轻霭，细雨晴光，滇池无时不变幻着多姿的瑰丽景象，给人以不同的美的享受。

滇池地区有着灿烂的古代文化，滇池周围密布新石器时代的数十处遗址，出土陶片上的花纹图案已显示了先民们美学思想的萌芽。在战国至西汉的几百年中，即距今2000～2500年之间，滇池地区各族人民，创造了独具风采的青铜文化。这些精美的青铜器上雕镂浇铸了各种人物图像，广泛反映了当时社会生活的各个方面，并具有相当高超的艺术水平。青铜器上的图案，证实当时滇池地区已进入奴隶社会，并与中原和江南各地有密切的联系。这些发现，引起了世界范围内有关学者的重视。

滇池四周美景荟萃，尤以西山最为著名。西山突起滇池之上，北起碧鸡关，中经华亭、太华、罗汉诸峰，直达南面的观音山，绵亘数十里。西山因山峦起伏，白云缭绕，好像睡佛卧于云中，故又有卧佛山之称。西山的另一美称是"睡美人"，从远处眺望，它宛如一位美女屈腿坦卧在蓝天之下，她的脸、胸、腹、腿以至下垂入水的头发，都轮廓分明，一派绰约丰姿。美人卧波，成为滇池名扬天下的一景。

西山林壑优美，四时岚光滴翠，花雨流香。步入山中，可以听到流泉叮咚鸣唱，可以看秀峰翠拔蓝天。远瞰浩渺滇池，无涯烟水，沧溟空阔；俯视历历晴川，波光荡漾，千帆如鹭。这罕见的美景奇观，可用一首诗描述："苍崖万丈，绿水千寻，月印澄波，云横绝顶，滇中一佳境。"

西山之腹，有华亭寺，它是昆明最著名、最宏阔的一处佛教丛林，故址为宋时大理国鄯阐侯高升智的别墅。在西山最高峰太华山腰，有太华寺。它比华亭寺早建十余年，太华寺苍深雄峻，殿阁崇丽，是西山的重要古寺。登临太华，可谓一步一景，回望滇池，但见碧波万顷，四际烟渚，桅樯如粟，水天茫茫，一派诗情画意。寺内的缥缈楼和一碧万顷楼都是眺望滇池湖光山色的绝佳之处。

华亭幽深，太华雄峻，而西山北段的三清阁和龙门，则以险奇取胜。三清阁在西山主峰罗汉山的苍崖峭壁之间，凭空架隙，依山凿石而成。远远望去，仿佛天上宫阙。它是昆明最奇险壮观的一处名胜，人称不到三清阁，不知碧鸡山之美；不登龙门，不知罗汉壁之奇。自古以来就是游人必到之地。在此处观赏滇池，令人有超凡脱俗之想。天朗气清，崖岚树色与碧波相映，染人衣襟；每当傍晚，万壑烟霞，半天风月，好似身在蓬莱仙境。滇池太美了，真是奇妙无比。

深而纯净的泸沽湖

泸沽湖是由断层陷落而成的高原湖泊，海拔约2700米，面积近50平方公里。以湖心为界，西部属云南宁蒗县，东部则属四川盐源县。整个湖泊，状若马蹄，又像一个还在母体中的胚胎。泸沽湖平均深度45米，最深处93米，是云南仅次于抚仙湖的第二深水湖泊。

泸沽湖保持了良好的生态环境，它的水质特别纯净，具有近乎原始的纯朴风光。特别是那罕见的民族风情，使这翡翠般的世界，闪耀着古朴而神秘的光彩。

泸沽湖由草海和亮海两部分组成。亮海如明镜一般透亮，波光粼粼，清澈幽深。草海有着丰茂密实似绿毯覆盖的水沼，透过晶莹的湖水，可以看到绿的、黄的和紫红色的小草。

泸沽湖周围山峦起伏，像一围翠屏环护着它的珍宝。东北面是峭拔壁立的肖家火山，高3787米；西北是状如雄狮蹲踞的格姆山，高3755米。湖东面有条山梁蜿蜒直下，宛如苍龙汲饮甘泉，形成泸沽湖上一个美丽的半岛，它几乎将广阔的湖面分成两半。泸沽湖是川滇高原的鱼米之乡，田地丰饶，稻麦飘香，湖菱满塘。有趣的是，当地的牲口都在水中放牧，牧童赶着牛、羊、马在草海中觅食肥美的水草。

泸沽湖内有5个岛屿，它们像一只只绿色的小船，漂浮在湖面上。湖畔没有楼台水榭，没有拱桥画舫，有的只是蓝天、白云、碧水、轻鸥。在泸沽湖周围居住着蒙、纳西、汉、藏等民族。在云南境内以纳西族为主要民族，在四川境内则是以忽必烈的传人蒙古族为主。而真正使得泸沽湖名扬天下，吸引游人前来览胜探奇的是泸沽湖的子孙纳西族，他们的社会形态和婚姻习俗至今还保留着母系社会的特征。

泸沽湖沿岸碧岭青峰万千重，群山之中尤以戛姆山最为人们所喜爱。

它雄伟高大，状如雄狮，维妙维肖，故俗称狮子山。它和泸沽湖一样充满着自然美。

泸沽湖是喧嚣人世一方难得的净土，它以自然、纯真、古朴的风貌，被誉为世外桃源。

泸沽湖之美源自原始的自然美，美得恒久而深远。

扎陵湖和鄂陵湖

　　扎陵湖、鄂陵湖位于青藏高原巴颜喀拉山北麓，在青海省果洛藏族自治州的玛多县和玉树藏族自治州的曲麻莱县境内。扎陵湖面积526平方公里，平均水深8.9米；鄂陵湖面积610.7平方公里，平均水深17.6米，是黄河源头两个最大的高原淡水湖泊，也是黄河源头地区众水汇归之所。两湖相距约20公里，被称为"双生湖"。

　　扎陵湖和鄂陵湖藏语意分别为"灰白色长湖"和"青蓝色长湖"，两个姊妹湖近在咫尺为什么水色各异呢？原来黄河源头地区的消冰水和地下泉水，流经第三纪红土层，再通过纳滩沼泽，从西边进入扎陵湖时，带来了大量泥沙，湖区风大水浅，湖水中沙粒沉淀不稳，湖水便呈现灰白色；扎陵湖水经过20公里的河道进入鄂陵湖时，泥沙减少，湖水清澈，加上鄂陵湖平均水深比扎鄂湖深得多，最深处达30余米，因此水色呈现出青蓝色。

　　扎陵湖比鄂陵湖海拔高出4300多米，比我国最大的内陆湖泊青海湖高出1000多米，是名副其实的高原湖泊。由于地域辽阔，地势高寒，两湖的自然景观雄浑而奇丽，是完全坦露原始形态的难得的旅游观光胜地。站在高处鸟瞰，只见蜿蜒的黄河像一条长长的金链将两个宝石般闪亮的美丽湖泊贯串在一起，将这一挂无与伦比的项链佩戴在气势磅礴的大地母亲胸前。每当暮春时节，湖畔芳草嫩绿，杂花开放；盛夏，苍穹无垠，碧空如洗，连绵起伏的青山和熠熠闪光的碧波交相掩映，风平浪静时，浅水处湖底的沙石粒粒可见。朝阳初升或红日西沉之际，彩云斑斓，染得湖水如彩绸一般。

　　扎陵湖和鄂陵湖形成于距今一亿三四千万年前的燕山运动时期，是因地壳局部下陷而形成的构造湖。两湖刚形成时，湖面比现在更为辽阔。后来由于青藏高原的抬升，湖盆相应上升，因地势高，水蒸气难以到达，故降水减少，气候越来越干燥，而蒸发旺盛使湖水水位下降，昔日湖盆地区分化出湖湾洼地和自然堤。洼地上分布着许多大小不同的湖泊。扎陵湖周围有32个小湖泊，鄂陵湖周围有40个小湖泊。

扎陵湖中有三个小岛，岛上嶙峋的岩石，成为天然鸟巢，栖息着大雁、棕颈鸥、鱼鸥、赤麻鸭、鹭丝等20多种候鸟。鸟群每年5月飞来，筑巢垒窝，繁衍生息，湖之上空整天一片嘎嘎之声。6月，岛上遍地鸟蛋，几乎无处下脚。鸟群中的天鹅和黑颈鹤是国家重点保护动物，尤其黑颈鹤更是我国特有的珍贵鸟种。鄂陵湖南部也有三个小岛，岛上居住着白唇鹿群，它的茸产量高，是鹿茸中的新品种。这种珍贵的野生动物已在岛上驯养成功，游人可观赏它们可爱的憨态。

扎陵湖和鄂陵湖有着丰富的鱼类资源，湖中大都是冷水性无鳞鱼，以花斑裸鲤、扁咽齿鱼、黄河裸鲤、骨唇黄河鱼、三眼鱼等为主。过去当地的藏族牧民有敬鱼为神的习俗，不捕不吃，鱼类自然繁殖，湖中的鱼多不胜数。如今，扎陵湖和鄂陵湖的渔业资源开发迅速，每年捕捞达几百万斤。

在扎陵湖的西南方向，有两座大山遥遥相望，一座叫"恩卡卓玛"，另一座叫"琼走"。高耸的山顶上白雪皑皑，湖岸上是如茵的草原，恩卡卓玛婀娜多姿，峰峰玉立，琼走则稳重端庄而雄伟。晶莹的湖水，和这壮丽的景色融为一体，使大自然的神笔在此描绘出一幅风光绮丽的图画。扎陵湖和鄂陵湖不愧为万里黄河源头上的两颗耀眼夺目的明珠。

"瀚海明珠"——博斯腾湖

博斯腾湖是新疆最大的淡水湖，它位于新疆天山支脉库鲁克山南麓，塔克拉玛干大沙漠北部边缘的焉耆盆地内。博斯腾湖湖水宽广，略呈三角形，东西长约55公里，南北宽约25公里，面积1019平方公里，约占焉耆盆地总面积的九分之一。湖水容积为99亿立方米。

博斯腾湖，又称巴喀剌赤湖。古人将山东勃海称为"东海"，称博斯腾湖为"西海"，可见古时候它的面积比现在要大得多。当年人们从中原长安出发时，一路同戈壁沙漠的狂风干燥搏斗，当突然看到这个大湖时，可以想象他们该是何等的激动？

博斯腾湖汇集了来自盆地西部的开都河及盆地北坡诸河、沟的径流而成。集水面积为27000多平方公里。湖水从西流出为孔雀河，穿铁门关峡谷，进入库尔勒地区。因此，博斯腾湖又是美丽的孔雀河的发源地。过去，孔雀河的下游汇入著名的罗布泊；现在，孔雀河还没有流到罗布泊，就消失在干渴的沙漠之中了，如今的罗布泊已是整个亚洲地区最干旱的地方。博斯腾湖是开都河和孔雀河的中转站，起着承上启下，天然调节径流的作用。

博斯腾湖西浅东深，湖盆呈不对称的碟状，大部水深为8～15米。湖滨地带，由于河流泥沙的沉积，湖水最浅，一般为2～6米。湖东南角有一条东南-西北向的深槽，水深达十四五米。

博斯腾湖有着惊人的美，它既有大海的辽阔，又比大海更为清澈，整个湖水就像是天山冰峰的化身，冰清玉洁，没有遭受任何污染，湖区景色秀丽，风景如画，犹如一块碧蓝色的宝石，镶嵌在群峰起伏的天山之中，素享"瀚海明珠"之誉。

博斯腾湖西南侧还分布着许多小湖泊和芦苇荡。小湖的水主要由河水补给，相互串通如珠链，面积共有50余平方公里。博斯腾湖的芦苇沼泽达

350余平方公里，是全国最大的芦苇荡，风起苇舞，随着哗哗的声响，无边无际的苇浪从湖岸涌向天际，其起伏幅度之大，气势之磅礴，百倍于海潮，千倍于麦浪，蔚为奇观。博斯腾湖的芦苇是我国少有的优等苇，苇高秆粗，高达6～8米。湖区年产干芦苇40万吨以上。芦苇是造纸、人造纤维和编织等轻工业和手工业的重要原料。如果全部用于造纸，可年产20万吨优质纸，相当于用100万立方米木材所造的纸。木材要30～40年才能更新，而芦苇则年年可收割。

博斯腾湖是新疆最大的渔业生产基地。湖中鱼类品种繁多，如新疆大头鱼、青鱼、白鲢鱼、草鱼、鳙鱼、青鲤鱼、红鲤鱼等，以鲤鱼和鲫鱼为多，体大肉嫩，且个体都较大。由于湖水没有污染，鱼味特别鲜美，因此去博斯腾湖的旅游者都以品尝鱼宴，一饱口福为快事。

从博斯腾湖沿开都河上湖，在和静县境内有我国著名的天鹅湖。来自四周雪山的融水汇聚成这个高山湖泊，山脚下又有无数水泉流注湖中。湖水清澈见底，在阳光下澄鲜一碧，格外晶莹夺目。每到春季，数万只美丽的天鹅，从印度和非洲南部度过严寒的冬天，飞回湖上栖息、繁衍，这里是我国天鹅最多的地方，故称天鹅湖。宁馨、平和的天鹅湖被列为我国水禽自然保护区。

博斯腾湖是真正的高原明珠，令人倾慕，更是遐迩闻名的游览胜地，引人入胜。

桂林秀水——榕湖、杉湖

桂林，素以山水之胜甲天下。桂林的秀水，除绕城南去的漓江外，便数位于市中心的榕湖和杉湖了。两湖相通，以阳桥为界。湖把桂林拦腰截为南北两段，跨湖的阳桥又把湖分为东西各半，东面湖畔有杉树，名杉湖；西面湖畔有古榕，名榕湖，两湖风景秀丽，自古景致就如诗如画。

榕湖和杉湖原为宋代桂林城南的护城河，连通漓江。至明洪武八年，即公元1375年，因城池外拓，才逐渐演变为风光绮丽的城内湖。

杉湖开敞，东濒漓江，南邻象山，湖光山色，分外妖娆；榕湖湖岸，树木茂密，遍植桂树、樟树，一派葱茏，掩映入湖，格外清幽。晨曦刚露，暮霭初降，湖上一片似烟非烟的蒙蒙水气，漫天云霞，一湖澄澈，涟漪泛碧，浮光跃金。榕湖中有三座小岛，上面密密匝匝地遍布茂林修竹，不露一丝泥土颜色。东西两座小岛各有曲桥与岸相接，临水的敞亭或米黄，或素白，显得格外淡雅。在此沐徐徐拂面的湖风，观追逐柳影的游鱼，情趣盎然。

杉湖水面比榕湖小，湖心有一别致的湖心岛。湖的南岸和北岸各有一道曲桥与岛连接，如同两挂精致的象牙细链，横贯波光粼粼的湖中。小岛西侧有高低错落的四个蘑菇形伞亭，新颖而精巧。

阳桥历史悠久，是榕湖、杉湖的分界线，宋代叫青带桥，明代更名阳桥。桥北原有醮楼，又名鼓楼，早晚击鼓报时。如今的阳桥增置汉白玉石雕花栏杆，似卧波长虹，怡人耳目。

榕湖、杉湖之畔曾留下不少历史文化名人的足迹、身影。宋代诗人黄庭坚，被贬宜州（今广西宜山县），路经桂林，曾在榕湖边系舟歇息，现在此地建有方形的榕荫亭。

因榕湖、杉湖风光幽雅，故清代一些诗人、画家、学者多结庐而居湖边。近代著名学者、南社诗人马君武的故居也在杉湖北岸，他喜爱杉湖，居所有一传世门联："种树如培佳子弟，卜居恰对好湖山"。而居在榕湖、杉湖之畔，正有"恰对好湖山"的感受。

榕湖和杉湖正以它们独特的风采吸引着越来越多的游人，让他们享受湖光山色之美，接受大自然的恩赐。

宝岛上的日月潭

日月潭是我国宝岛台湾最大的天然湖泊，位于台湾中部南投县鱼池乡水社村。环湖皆山，湖水澄碧，湖中有天然小岛浮现，圆若明珠，形成青山拥碧水，明潭抱绿珠的美丽景观。在著名的台湾八景中，日月潭以它绝佳胜景，名列八景之冠。

环潭一带古称水沙连，是高山族曹族人的聚居地。据记载：水沙连四周大山，山外溪流包络，自山口入为潭……水沙连山内有大湖，四面皆山，共有二十四番社，隔湖负山而居，路极险峻。水社之间有日月潭，广可七八里，水澄清，景绝佳。

日月潭最迟在清初已被发现。相传300年前，嘉义县有40个高山族山胞集体出猎，发现一只巨大的白鹿窜向西北，于是尾随追踪而去，他们追寻了六天六夜。第七天，他们越过山林，眼前豁然开朗，只见千峰万壑围拥之中，一潭碧绿的湖水正在晴日下闪耀着波光。碧水中一个树木繁茂的小岛，把大湖分为两半。一半圆如日轮，水色丹；一半曲如新月，水色碧。于是他们把这大湖称为"日月潭"。他们还发现这里水土肥沃，森林茂密，宜耕宜狩，就决定全社迁居此地。部落首领就是曹族酋长的祖先。

日月潭面积7.7平方公里，湖周长35公里。日月潭是由于局部地层陷落而形成的构造湖，湖面海拔760米。

古人称誉日月潭景色为：山中月水水中山，山自凌空水自闲，但觉水环山以外，居然山在水之中。苍山环抱，林木葱郁，水光山色，交相辉映，确实是日月潭的一大特色。春夏秋冬，晨昏暮霭，日月潭景色时时不同。黎明时，湖面蒙着轻纱般的薄雾，水天混茫，微波抚岸；夕阳中，湖面云霞横拖，归巢的飞鸟掠水而过，更显出湖的幽远、山的寂静；风和日丽的春天、天高月凉的秋季，日月潭变幻着奇谲莫测的景色，蕴含着难以言传的韵致。

　　湖中的小岛因远看犹如碧玉盘中托着的一颗珠子，因此叫珠子岛、珠仔屿。抗日战争胜利后，改名为光华岛。日潭和月潭就是以此岛为界的。小岛原有8公顷，修建水电站后，水面升高，面积仅1公顷左右。但正因其小，更增"一屿孤浮四面空"之旷朗。美丽的小岛既是点缀碧湖的翡翠明珠，又是观赏湖中景致的极佳地点。岛上的主建筑是一座日式阁楼，小巧玲珑，幽雅别致。四周亭台簇拥，芳草平铺，四时花卉盛开，整个小岛就像一座花园别墅。登阁欣赏日月潭风光，碧水鳞波，上下天光，顿有凭虚凌空，身入仙境之感。

　　日月潭四周的山麓林壑间点缀寺庙古塔，如宏丽的文武庙、古朴的玄奘寺和慈恩塔等。从日月潭北部山麓到文武庙，有蹬道365级，俗称走一年。

　　文武庙庄严宏伟，气势磅礴。重彩绘画，气氛华贵。庙内诸神济济一堂。居中为孔子，左为文昌帝君，右是关羽大帝。一文一武护卫着两千多年来尊为至圣先师的孔子。

　　玄奘寺在潭之南，寺貌崔巍，金碧辉煌。寺内供奉着大唐玄奘法师的舍利。

　　日月潭畔建起了九族文化村，高山族共有雅美、阿美、泰雅、赛夏、鲁凯、排湾、卑南、曹、布农等九大族群，文化村中建起了九族群的传统房舍，均用竹片、藤条、木头、石头建造，反映了高山族山胞原始、粗犷的文化风貌。九族文化村已成为台湾的户外博物馆。

　　日月潭中有一种亚洲其它地方几乎绝迹的鱼类，叫奇力鱼，据说该鱼雌雄相守，形影不离，假如一方落入渔网，另一方一定也追到网中，不愿独生，生死相渝。

　　日月潭，湖光岚影，婀娜多娇，不愧为宝岛台湾的一颗明珠。

◎ 环球名湖 ◎

    在亚洲、非洲、欧洲、美洲和澳洲，无论是高山雪原上，还是平原丘陵地带，湖泊以各自不同的形态，生动地展示在人们的面前。

    它们是河流的仓库，陆地上的"海"……

世界最大的湖泊——里海

世界最大的湖泊里海，位于亚欧大陆腹部，亚洲与欧洲之间，东、北、西三面湖岸分属土库曼斯坦、哈萨克斯坦、俄罗斯和阿塞拜疆，南岸在伊朗境内。它不仅是世界上最大的湖泊，也是世界上最大的咸水湖。

里海是一个地地道道的内陆湖，那为什么又被称为"海"呢？从里海的自然特点来看，里海水域辽阔，烟波浩森，一望无垠，经常出现狂风恶浪，犹如大海翻滚的波涛；同时，里海的水是咸的，有许多水生动植物也和海洋差不多。另外，从里海的形成原因来看，里海与咸海、地中海、黑海、亚速海等，原来都是古地中海的一部分，经过海陆演变，古地中海逐渐缩小，上述各海也多次改变其轮廓、面积和深度，所以今天的里海是古地中海残存的一部分，因此，人们把这个世界上最大的湖称为海了。其实，它属海迹湖，并不是真正的海。

里海的南面和西南面被厄尔布尔士山脉和高加索山脉所环抱，其他几面是低平的平原和低地。里海南北狭长，形状略似"S"型，南北长约1200公里，是世界最长及唯一长度在千公里以上的湖泊。东西平均宽约320公里，湖岸线长约7000公里，面积371000平方公里，大小几乎与波罗的海相当，规模为亚速海的10倍，相当于全世界湖泊总面积（270万平方公里）的14%，比著名的北美五大湖面积总和(24.5万平方公里)还大出51%。湖水总容积为76000立方公里。

里海有曼格什拉克、土库曼、哈萨克、克拉斯诺沃茨克等"海湾"。里海的水面低于外洋海面28米，湖水平均深度180米。里海的湖底深度不同，北浅南深，湖底自北向南倾斜，大体上可以分为三部分：北部一般深4～6米；中部水深170～790米；南部最深，最大深度可达1025米。里海有岛屿约50个，面积约350平方公里。有伏尔加河、乌拉尔河、库拉河、捷列克河等130多条河流注入。1940～1970年，平均每年流入的淡水量286.4

立方公里，其中伏尔加河、乌拉尔河和捷列克河约占90%以上。

里海位于荒漠和半荒漠环境之中，气候干旱，蒸发非常强烈。据统计，里海每年的进水总量为338.2立方公里，而每年的耗水量则为361.3立方公里，进得少，出得多，出现了入不敷出的情况，湖水水面必然会逐步下降。1930年湖的面积为42.2万平方公里，到1970已经缩小到37.1万平方公里了。因为水分大量蒸发，盐分逐年积累，湖水也越来越咸。由于北部湖水较浅，又有伏尔加河等大量淡水注入，所以北部湖水含盐度低，而南部含盐度相对高得多。

里海的水位，7月最高，2月最低，北部水位高低之差为2～3米，中部和南部仅有20～50厘米，最大也不超过1.5米。

里海的水温，夏季南北水域基本相同，为26摄氏度左右。冬季北部水温0摄氏度以下，南部的平均温度为8～10摄氏度，北部浅水区每年冰期2～3个月。

里海地区石油资源丰富，两岸的巴库和东岸的曼格什拉克半岛地区，以及里海的湖底，是重要的石油产区。里海湖底的石油生产，已扩展到离岸数十公里的水域。里海生物资源丰富，既有鲟鱼、鲑鱼、银汗鱼等各种鱼类繁衍，也有海豹等海兽栖息。

里海地区航运业较发达。通过伏尔加河及伏尔加-顿河等运河，实现了白海、波罗的海、里海、黑海、亚速海五海通航。但由于北部水浅，航运受到一定限制。

神秘莫测的"死海"

    死海位于亚细亚洲西部巴勒斯坦、约旦、以色列之间，地处约旦和巴勒斯坦之间南北走向的大裂谷地带中段。它虽以海称之，但确确实实是内陆咸水湖。

    这个名声颇大的死海，南北长75公里，东西宽5～16公里，面积1045平方公里，相当于中国最大的咸水湖青海湖的1/4。湖面低于地中海海面392米，海水平均深度为146米，最深的地方达395米，是世界陆地的最低处。死海西岸为犹地亚山地，东岸为外约旦高原，有约旦河自北而南注入。

    死海的东岸有埃尔·利桑半岛突入湖中，并把湖分为大小深浅不同的两部分湖盆，北边的大而深，面积780多平方公里，平均深度为375米；南边的小而浅，面积为260多平方公里，平均深度为6米。

    死海，是令人心驰神往的旅游之地，这里充满着许多神奇的色彩。在天气晴朗的日子里，碧波荡漾，与蓝天、白云交相辉映，光彩四溢，是一幅天然的、壮观的、辽阔无边的画卷。而当阴雨之时，又是雾雨一片，朦朦胧胧，远山依稀，水天一片，又是另一番景致。这让人更感到它的迷离与神奇。

    死海，是大自然在漫长的岁月中造就而成的。死海原本是地中海的一部分，后来因地壳变化而与地中海分开。由于东西两岸被悬崖绝壁所束，始终没有和大海相通，而形成了一个内陆的湖泊，被后人称之为死海。

    明明是内陆湖泊，为什么又称它为"死海"呢？

    死海这个名称来自希腊的著作，可上溯到公元前3000多年。据《旧约》记载，有两座古城沉没在死海南部的水底。还说有个索多玛城罪恶甚重，耶和华就将硫黄与火从天上降予索多玛，把它整个毁灭了。这里说的索多玛城传说即在死海西南隅。

    据推测，致使索多玛城沉入死海的原因，是公元前1900年左右所发生的一次大地震。现在死海西南的小山塞多玛，即由索多玛一名沿袭而来。

公元70年，传说罗马统帅狄杜进军耶路撒冷，攻到死海时，他下令将俘获的奴隶带上镣铐，投入死海，处以死刑。但被投入死海的奴隶们，不但没有沉到水里淹死，反而被波浪冲回到岸边。狄杜十分气恼，再次下令把俘虏们仍进海里，海浪又一次将奴隶们送回到岸边，奴隶们依旧安然无恙。面对此情此景，狄杜十分惊惶，他以为奴隶们是受到神灵的保佑，才屡淹不死的，于是就下令赦免并全部释放了这些奴隶。

实际上，是由于死海盐分多，湖水的比重约为1.17-1.22，超过人体比重的1.02。因而，浮力大，这是死海的一大特点。在死海，就是不会游泳的人也不会淹死。人可以捧着书漂在水面上阅读而不下沉，难怪狄杜惩罚的奴隶们被海浪一次次送上岸边。

公元8世纪以前，只是在湖北岸有人居住，那时的湖面比现在低约39米。由于大的地震，形成了有名的东非大裂谷，约旦河-死海地沟是东非大裂谷的北延，死海北有约旦河流入，南有哈萨河流入，另外还有一些小溪和温泉流入，但水只能流进，却无出口。

由于死海太干燥，又太炎热，流入湖中的河水大都变成了蒸气，故而死海的进水量和蒸发量几乎相等，而湖水所带来的盐分却留在死海中。经过千年万年，越积越多，使湖水中含盐度高达23%～25%，使死海成了一个天然的大盐库。

死海的食盐蕴藏量可以供给40多亿人食用2000年。据统计，死海水里含有多种矿物质：63.7亿吨氯化钙，135.46亿吨氯化钠，20亿吨氯化钾，此外还有溴、锶、镁等。

浩翰的死海，由于含盐量极高，竟使鱼虾水草之类的生物无法生存，在滚滚洪水流来之期，约旦河及其他溪流中的鱼虾冲入死海，由于死海含盐量太高，水中又严重地缺少氧气，这些鱼虾非死不可。因此，死海经常散发出死鱼的腥气，水鸟当然也不能在这里栖息生存。死海岸边岩石均披上一层盐壳，白色里泛着青色，状似玉石，只有极少的喜盐植物断断续续生长在岸边岩石之处。除此，再也难以寻找到其他草木了，这是死海的一大特点，也是它得名的原因之一。

过去死海确实是一片荒凉之处，然而，20世纪20年代末，自英国公司在它的北部约旦河口近处开办了第一所钾碱工厂以来，死海"活了"。

此后的1955年，以色列又在寒多姆兴建了提炼钾、镁、钙的化工厂。1994年，死海又陆续出现了具有现代化设备的化工厂，兴建了现代化游泳池、高级旅馆以及游乐场所，游人也日渐增多，旅游业出现了转机。许多国家的商人，目光也投向了死海，准备投资开发，利用它的资源。死海出现了新的生机，它必将以它的黄金时代展示于世界。

"雪山热湖"——伊塞克湖

伊塞克湖坐落在终年积雪天山中段的崇山峻岭之中，虽然地处高寒，但终年不冻，与周围积雪的峰峦对照鲜明，因此享有"热湖"之称。

伊塞克湖在帕米高原的北面，吉尔吉斯斯坦东北部。它的湖面海拔1608米，东西长178公里，南北宽58公里，最宽处约60公里，平均深度278米，最大深度702米，面积6236平方公里，湖水容积1738立方公里。在世界上海拔超过1200米的高山湖中，伊塞克湖的面积仅次于南美的的的喀喀湖，但其深度居世界第一位，是世界上较大的高山湖之一。周围有50多条小河注入，但湖水不外流。湖水主要靠雪水补给。湖岸线长597公里，切割较弱，一半以上为沙岸。

伊塞克湖盆区气候冬季温和，夏季干热，年降水量250毫米，而水面年蒸发量达700毫米。近200年来湖面下降，同1886年相比，已下降了4米。湖水位年变幅达10～50厘米，湖水盐度较高，不易封冻，为高山不冻湖。

伊塞克湖是一个内陆湖泊，是地壳断裂陷落形成的，经常发生地震和广泛分布的温泉表明这里的地壳运动至今还在继续。

伊塞克湖地处北纬42～43度之间，深居亚欧大陆中部，湖区海拔较高，湖水深度和容积较大。这里属温带大陆性气候。夏季湖水水温较高，表层水温可达19～20摄氏度。冬季表层水温为2～3摄氏度，除个别年份在西岸及湖湾的局部浅水区外，湖水基本上不结冰。

伊塞克湖受外界的污染影响较小，湖水清澈见底，透明度可达12米。通常情况下，湖面风浪不大，但每当夏秋季节，湖面有时亦可刮起30～40米/秒的强风，波涛汹涌，白浪滔天，浪高可达3米左右。

伊塞克湖湖内可定期航运，周围建有环湖公路。主要湖港有雷巴奇耶和普尔热瓦利斯克。湖岸地带建有伊塞克自然保护区，面积70.2万公顷，其中伊塞克湖水域占61.2万公顷。

伊塞克湖地区盛行西风，此外刮着一种像沿海地带所特有的海陆风，当地居民称之软风。这种风白天从湖中吹向岸上，叫海风；夜晚从陆地吹向湖中，叫陆风。这种软风往往可以在几十分钟内发生激烈变化，变成强烈的暴风，这时，伊塞克湖面顿时浊浪排空，把渔船吹到湖中心，像树叶那样漂来漂去。

在伊塞克湖的沿岸地区，广泛引用注入此湖的河水，发展灌溉农业。这里已成为吉尔吉斯重要的粮食及畜牧业基地之一。盛产以冬小麦为主的粮食作物及苹果、葡萄等水果；药用罂粟种植较广，养羊业及乳、肉兼用养牛业也较发达。湖内有20多种鱼类，主要有雅罗鱼、裸黄瓜鱼、罗汉鱼及鲤鱼等，年渔获量900吨左右。雷巴奇耶和普尔热瓦利斯克为主要的鱼产品加工中心。

由于伊塞克湖水冬季基本不封冻，湖中的鱼类及浮游生物丰富。因而每年冬季都有2～5万只飞禽在此越冬，其中包括珍贵的白天鹅和赤嘴潜鸭。

伊塞克湖周围地区气候宜人，深蓝色的湖水与两侧的雪山、云杉林交相辉映，风景优美。在长约597公里的湖岸上，约有半数以上为沙岸，可辟为湖滨浴场；湖泥中含有丰富的微量元素，可供治疗风湿及关节痛等多种疾病；环湖周围的山区，空气清新，阳光充足，加上有许多温泉和丰富的矿泉水；此外，山区还可辟为高山滑雪场。从20世纪70年代起，这里修建了一系列旅游、疗养设施。现今，伊塞克湖地区已成为初具规模的疗养和旅游中心，是一个度假和疗养的理想地方。

世界第二淡水湖——维多利亚湖

维多利亚湖位于东非两条大裂谷之间的平坦盆地上，在乌干达、肯尼亚和坦桑尼亚三国接界处，赤道横贯其北部。它是非洲最大的淡水湖，也是世界第二大淡水湖。这湖泊是英国探险家在1860年考察尼罗河的源头时所发现，当时就以英国女王维多利亚的名字命名。

维多利亚湖湖面海拔1134米，南北最长为400公里，东西最宽处240公里，面积69000平方公里，是仅次于美洲苏必利尔湖的世界第二大淡水湖。维多利亚湖岸曲折，湖岸线长达7000多公里，平均水深40米，最深处80米。湖滨地势起伏不大，以丘陵、平原为主。西岸陡峻，其他三面低平。湖岸北部有里本瀑布，排水量达600立方米／秒，是白尼罗河的水源。湖中岛屿星罗棋布，岛屿总面积近6000平方公里。较大的有乌凯雷韦岛、布加拉岛、鲁邦多岛、马伊索梅岛和布武马岛等。较大的湖湾有卡维龙多湾、斯皮克湾和埃明帕夏湾等。湖区集水面积约239000平方公里，有卡盖拉河、马拉河等注入；蓄水量2518立方公里。湖水位年变幅为0.3米，表层水温变化在23～28摄氏度之间。巨大的水体对沿湖地区气候起着显著的调节作用；湖区多雷雨，并在大气下层盛行偏东气流，使湖西岸成为东非著名的多雨区。

维多利亚湖内岛屿众多，岛上浓荫密布，花草繁茂，别有一派风光。湖中鱼产丰富，尤其是多鳄鱼和河马。乘船游玩维多利亚湖，可以看到成百只河马相互追逐嬉戏的情景。只有当汽艇靠近时，河马才慢慢散去。河马是一种庞然大物，体重一般可达3000公斤，可两只小耳朵同它那庞大的身躯比起来，显得是那样不相称，使人看了不禁发笑。

由于维多利亚湖周围气候温和，雨水充足，土地肥沃，农业生产很发达，广泛种植着谷子、玉米、咖啡、除虫菊等。除虫菊是一种天然杀虫药，杀虫力极强，但对人类无害。

维多利亚湖周围森林茂密，牧草丰富，野生动物繁多，狮子、大象、豹子、犀牛、斑马、长颈鹿等到处可见，可谓是非洲热带野生动物大荟萃。

湖滨地带还盛产和种植热带水果，尤其是绿色的芭蕉树比比皆是，品种达200多个。芭蕉是一种多年生植物，新苗出土后，生长得非常快，只要稍加管理，一年四季都可以收获。

青翠整洁的芭蕉树，还可以起到净化空气、美化环境的作用，与高大的椰子树、浓密的芒果树、芳香的花木、大片的草坪交织在一起，可将城市装扮得绚丽多彩。乌干达首都坎帕拉就是一座芭蕉树密布的城市，大街小巷，芭蕉树竞相生长，棵棵茎粗叶阔，姿态各异，招人喜爱。

维多利亚湖有近一半的水域位于乌干达境内，加上其他河流和湖泊，乌干达全境水域面积34000多平方公里，占全国总面积的1/7左右，因而乌干达素有非洲高原水乡之称。

坎帕拉是非洲著名的布干达王宫所在地，位于乌干达南部、维多利亚湖北岸，全城建筑在7个小山头上。维多利亚湖碧波荡漾，岸边棕榈摇曳。城区建筑宏伟，街道宽阔，景色秀丽，乌干达被人们称为非洲的明珠，维多利亚湖的骄傲。

岛屿密布的坦噶尼喀湖

　　坦噶尼喀湖是世界上最狭长的湖泊，长670公里，东西宽48～70公里，面积32900平方公里，在非洲的湖泊中，仅次于维多利亚湖。湖区最深处达1470米，是仅次于俄罗斯贝加尔湖的世界第二深湖。湖区分属四国：东岸大部分属坦桑尼亚，北端一部分属布隆迪，西岸属扎伊尔，南岸及东、西岸南端的一小段属赞比亚。湖水由马拉加拉西河、鲁齐齐河以及许多溪流汇入，西经卢库加河转入刚果河，泄入大西洋，从而成为世界上分属国家最多的排水湖。湖底地形主要包括南、北两个深水盆地。1470米最大深度是在南深水盆地测出的，而北深水盆地的最大深度为1310米。坦噶尼喀湖的湖岸线蜿蜒曲折，滨湖平原也很狭小，许多地方，陡峻的山坡直插水中，形成笔直的悬崖峭壁。湖岸附近很多是深渊。

　　坦噶尼喀湖也是著名的潜洼地之一，它的湖面海拔774米，最深处与湖面高度之差，也就是它的最深处湖底位于海平面以下696米，居世界上湖底低于海平面的潜洼地的第四位。如果取坦噶尼喀湖底的平均深度比世界大洋面低200米。

　　坦噶尼喀湖如同大海一样，气势磅礴，变幻无穷。当风和日丽的时候，站在湖畔，湖面波光云影，白帆片片；极目远眺，可以望见湖对岸连绵起伏的群山，依稀可以看到缕缕上升的炊烟，风光格外绮丽。在阴雨天，满湖烟雾腾腾，浪花飞溅，就像置身于海边。落日西坠时，湖面浮光闪烁，人们可以欣赏湖上美丽的夕照。每到周末，椰树婆娑的沙滩上出现五颜六色的遮阳伞，人们在湖边游泳、钓鱼、晒太阳，水上俱乐部的摩托快艇在宽阔而平静的湖面掀起一道道白色的浪花。坦噶尼喀湖那迷人的自然景色吸引了世界各地的游客，给沿湖国家的旅游事业带来兴旺发达的景象。

　　坦噶尼喀湖沿岸景色秀丽，气候宜人，植物生长繁茂，野生动物成群，这里是考察野生动、植物的广阔天地。湖中多鳄鱼和河马，周围有大象、羚羊、狮子、长颈鹿等非洲的特有动物。湖中鱼类和各种水鸟丰富，是良好的天然渔场和鸟类群集之地。山坡上丛林密布，有的地方瀑布飞泻湖中。这里的山光水色，使它成为诱人的旅游和休憩的场所。

坦噶尼喀湖水产资源十分丰富，仅鱼类就有300多种，而且这些鱼形态多样，大的特别大，小的异常小。有一种名叫恩达加拉的小鱼，长仅8厘米，重约8克，但肉质细嫩，味道鲜美，是沿湖居民爱吃的佳肴。

坦噶尼喀湖上鸟类众多，被人们称为鸟的王国。鸟类不仅数量多，而且种类也很多，有白胸鸦、红喉雀、斑鸠、白鹭、黄莺、灰鹳、鹦鹉、红鹤等等。

坦噶尼喀湖四周地区森林茂盛，各种热带林木竞相生长。最引人注目的是香蕉林连绵不断，郁郁葱葱，那一串串沉甸甸的香蕉令人垂涎，一座座农家茅舍就掩映在香蕉林中。另外，还有一种形状奇特的树，就是有名的旅行家树，这种树不但可借浓荫纳凉，还可用刀在树干上划出一条口子，流出清凉可口的汁液来解渴。正因为这种树对人类有特殊的贡献，尤其是沙漠旅行者不可缺少的朋友，故被称为"旅行家树"。

在湖光山影、花红柳绿的坦噶尼喀湖畔，风姿飘洒、落落大方的旅行家树给慕名来访的游客们增添了不少清幽、高雅情趣。

狭长的坦噶尼喀湖的东西两岸是2000米上下的高山，高山夹深谷，使这里常年炎热，雨水也少。但由于有许多溪流从山上流下来注入湖泊，并且带来了不少肥沃的冲积土，使这里成为重要的农业地区。湖滨四周的布隆迪、扎伊尔、坦桑尼亚和赞比亚自古以来就是以农业为主的国家。当地居民在湖滨地带种植庄稼，收获量很大。

坦噶尼喀湖对沟通非洲内陆国家经济发展起了重大作用，中非国家许多进出口物资从坦桑尼亚经坦噶尼喀湖运往各地。除坦赞铁路外，中非许多国家尚无铁路，靠公路运输往往要跨越崇山峻岭，时间长达2～3个月，这样坦噶尼喀湖就成了中非内陆国家的交通要道。

坦噶尼喀湖四周有很多美丽的港口城市，其重要的湖港城市有卡莱米、基戈马和布琼布拉等。

布琼布拉是布隆迪共和国的首都，地处坦噶尼喀湖的东北端，面向大湖，背依青山，具有朴素而又迷人的风光。坦噶尼喀湖像一条银带从西边和南边环绕着这个美丽的湖滨山城，当飞机穿过云层抵近布琼布拉时，俯视下面的大湖，烟波浩渺，气象万千。向前望去，整个城市就像一片绿海，一栋栋不同色彩的房屋点缀其间，在阳光下晶莹闪烁，像是撒在绿海中的五彩贝壳。

布琼布拉城，宛如一座花园，城中到处都能听到飞鸟啼鸣，即使在繁华的市区也是如此，布琼布拉人民一年四季都是生活在鸟语花香之中。环境如此优美，坦噶尼喀湖实在是功不可没。

湖泊风光

涨落有序的马拉维湖

马拉维湖面积30800平方公里，南北长560公里，东西宽长24～80公里，平均水深273米，北端最深处达706米，湖面海拔472米，属非洲第三大淡水湖，世界第四深湖。在马拉维湖周围，除南部外，三面山峦叠嶂，风景秀丽。湖水由四周14条常年有水的河流注入，其中以鲁胡胡河水量最大，然后，向南流经希雷河同赞比西河相连。湖区大部分水域位于马拉维共和国境内，只有东部和北部一小部分属于坦桑尼亚和莫桑比克。沿湖有卡龙加、恩卡塔贝、恩科塔科塔、奇波卡等湖港，湖东面有利文斯敦山，西面有维皮亚山地，青翠挺拔的山峰相对耸立在狭长的湖面两岸，形成两道壁障，景色极为壮观。

马拉维湖位于裂谷地段，青山绿水，云蒸雾绕，好似浮悬在半空之中的一处仙境。深入湖区，仰望绝壁险峰，瀑布奔泻，银线飞舞；遥望湖湾水域，微波细浪，茫茫无涯。马拉维湖不仅风光绮旎，而且集多种佳景于一身，有的地方高崖环绕，惊涛拍岸，有的地方又流水潺潺，特别是北部湖区。被誉为中南非洲最壮丽的湖光山色。加之湖区地带气候温暖，水源充足，土地肥沃，花草茂盛，历来就是非洲游览胜地，每年都有很多来自世界各地的游客光顾。

马拉维湖是当今世界的一个奇异湖泊。据报道，上午9时左右，马拉维湖的浃浃湖水开始消退，直到水位下降6米多才中止；大约休息2个小时，湖水继续消失，直至出现浅滩才渐渐停息；4小时后，退避三舍的湖水络绎返回家园，使马拉维湖又恢复了原有的丰盈姿容。下午7时，湖水开始骚动，只见水位不断上升，直至洪流漫溢，倾泻八方；大约2小时后，马拉维湖才风平浪静。但是，马拉维湖的水位的消长并无一定的规律可循，有时一天一度，有时数日一回，有时数周一次，每次都是上午9时左右开始，前后约持续12小时，该湖水位涨落有序的奇特现象虽经各国地理学家多年探究，至今仍是未解谜。

马拉维湖由断层陷落而形成，旧称尼亚萨湖。历史上，马拉维湖经历了不平静的岁月。1616年，葡萄牙探险家加斯帕尔·博卡罗来到这里，从而成为第一个发现马拉维湖的西方人。到1859年，英国传教士戴维·利文斯敦来到这里。回国后在剑桥大学作了详细介绍，从而使马拉维湖蜚声西方。西方殖民主义者从事奴隶贩卖，他们把从非洲腹地掠来的奴隶通过马拉维湖，分北、中、南三路用船运到桑给巴尔港，然后送到非洲东海岸贩卖。

马拉维湖还被殖民主义者竞相变为穿越非洲的贸易通路，把非洲内陆的象牙、铜、黄金、可可、咖啡、珍贵木材等资源运往欧洲。马拉维湖作为历史的见证人，目睹了殖民主义者的侵略行径。

马拉维独立后，马拉维湖也获得新生。马拉维政府十分注意综合开发马拉维湖，合理地利用其资源。经过一番努力，马拉维已成为非洲普遍闹饥荒情况下的少数余粮国之一。

马拉维湖还是马拉维的交通运输枢纽，湖上有定期航班沟通马拉维的南北。马拉维湖水面广阔，渔业资源丰富，渔民们驾驶着独木舟，以捕获非洲鲫鱼为主。据统计，马拉维湖中有200多种鱼，其中90%是其他国家所稀有的鱼种，湖中还盛产供人们观赏的多种热带鱼，目前这些鱼已开始运销国际市场，成为一种新兴发展的特种渔业。马拉维湖正造福于当地人民。

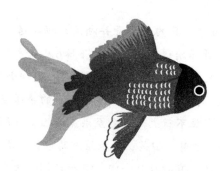

沙漠中的图尔卡纳湖

图尔卡纳湖是非洲著名的内陆湖泊，在肯尼亚北部与埃塞俄比亚接壤处的大裂谷地带，它不仅是肯尼亚最大的湖泊，也是当今世界最大的咸水湖之一。

图尔卡纳湖湖区呈狭长的条带状，南北伸延256公里，向北直达埃塞俄比亚边界，东西宽50～60公里，湖区面积10000多平方公里，湖面海拔375米，湖水最深部分在湖区南端，达120米左右。湖心有南、中、北并列的3个小岛，岛上长满了翠绿的草丛。图尔卡纳湖湖水碧绿，水性清凉，水味虽咸，但却可以饮用。

图尔卡纳湖是由断层陷落形成的，是东非大裂谷东支许多湖泊中的一个。历史上，图尔卡纳湖曾经同尼罗河是相通的，后来由于地壳运动，相互间渐渐失去了联系。

湖中水产丰富，鱼的种类很多，个头也很大，有的鱼可长约数米，重达数百公斤。肯尼亚政府在湖畔修建了现代化的旅馆，设有多种内容丰富的旅游项目。游人可以租一条小船进入湖区撒网捕鱼，由于湖中的鱼很多，因而人人都会满载而归。上岸后，很多人还将与自己身躯长短相差不多的鱼挂在木架上，自己站在鱼旁边拍一张照片，留作永久纪念。

由于湖区四周多火山，土质肥沃，生长着茂密的树林和牧草，草丛中栖身着成群结队的羚羊、斑马、野鹿等动物。白天，湖区四周一片寂静；一到黄昏，羚羊纷纷从草丛中钻出来，斑马追逐嘶叫地来到湖边饮水，湖边顿时热闹起来。

图尔卡纳湖留给人们印象最深的是，湖中的鳄鱼既多又大，有时近百条鳄鱼聚集在一起，大的有10米长，而且性情凶猛，气势逼人，简直是一个鳄鱼的极乐世界。当人们乘汽艇游览湖区时，随着轰隆的马达声，湖中的鳄鱼和河马纷纷游出水面，围着汽艇追前跑后，尽情嬉戏，个别勇敢者还竟然袭击汽艇。这些有趣的现象不时逗得游客捧腹大笑。

图尔卡纳湖是一个物产丰富的宝库，那清澈的湖水曾经默默无闻地哺育了人类的祖先，留下了灿烂的古代文化，湖区附近的史前人类遗址历来就是世界各地游客以及地质、古生物和考古工作者们所神往的地方。

图尔卡纳湖的东岸，是一个名叫库彼福勒的丘陵地带，山岭自北向南连绵起伏，山顶上一片光秃秃的，长期以来就是一个人迹罕至的地方。1967年，肯尼亚国家考古队的队员们意外地在这一丘陵地带发现了大批古人类化石、旧石器和哺乳动物化石，从而轰动了世界。经过辛勤的工作，考古工作者们又接二连三地在湖区之滨大约1000平方公里的范围内，发现了100多个化石地点和旧石器遗址。其中一个石器地点经过炭素放射法测定，其年代竟达261万年以前，是目前世界上最早的石器地点之一，这说明早在260万年以前，库彼福勒一带就已有人类生息。这些重要的发现，吸引了大批游人及地质古生物和考古学者，中国地质古人类考察组也曾于1977年8月到达这里。科学家的不断探察、寻觅、研究，必将给图尔卡纳湖带来勃勃生机。

形态多变的乍得湖

乍得湖是世界著名的内陆淡水湖，坐落于乍得、喀麦隆、尼日尔和尼日利亚四国的交界处。乍得湖的湖区主要在乍得境内，西部则分别属于其他三国。是非洲第四大湖。

乍得湖的面积不是固定不变的，而是随着季节的不同，一年之内要发生两次较大的变化。每年的6月雨季到来的时候，湖面上升，湖水漫过低平的湖岸，向四周扩展，湖区面积达到2.5万平方公里，淹没的土地大部分在尼日尔和尼日利亚两国境内。而当11月旱季到来的时候，乍得湖的湖面便渐渐缩小，变成一个长方形的湖泊，其长度约200多公里，宽度约70公里，湖水面积约为1.3万多平方公里。乍得湖海拔283米，湖水很浅，平均水深2米左右，最深处也只不过12米上下，湖边长满芦苇和纸草，像沼泽一样。

乍得湖的水源来自降水和河流来水，湖区年平均降雨量为200～500毫米，沙里河每年提供4000～4500亿立方米水量，大约占河流水源的95%。乍得湖没有水流流出，湖水一部分渗漏成为地下水或者蒸发掉了，由于这里炎热少雨，蒸发量又极大，地下水就成为周围干旱地区居民生活和牲畜用水的重要来源。

乍得湖是一个没有出口的湖泊，因此，有人推断它是一个咸水湖。其实，湖水的含盐度只有千分之零点几，比东非各大湖泊含盐度都低，湖区的西部和南部全是淡水，东部和北部也只是略带一点咸味。夹在世界上最大的沙漠——撒哈拉大沙漠和世界上奇热地带之一——苏丹热带稀树干旱草原之间的一座巨大的内陆湖，湖水居然是淡的，这不能不说是自然界的一种奇迹。在相当长的一段时间里，人们对这种现象感到迷惑不解，因而被传成许多神话或奇谈。后来，随着科学技术的发展，才慢慢揭开其中的奥妙。原来，在乍得湖的东北部，有一个比它低得多的地面，这就是非洲大地上著名的博得累盆地。盆地最低处海拔是155米，大量湖水通过地下路径源源不绝地往盆地渗流过去，水中的大量矿物质，包括各种盐类，在流动过程中，经过沙层的过滤，到达博得累盆地时已所剩无几了。

乍得湖除了在地理位置上接近大陆中心和撒哈拉沙漠以外，还有许多不同于热带非洲其他大湖的独特之处。

据地质学家们提供的研究报告指出，乍得湖发育在古老大陆上的一个原始盆地里。大约1万多年以前，乍得湖湖区是一个很大的内海地区。据考证，在过去的12000年到5000年间乍得湖曾三度扩大，最后一次发生在5400年前，当时乍得湖水深160多米，最大面积为30～40万平方公里，除了里海以外，比世界上所有的湖泊都要大。后来，地壳运动，沧桑变迁，内海渐渐地消失了，留下了今日的乍得湖。考古学家们还发现，在三四千年以前，乍得湖曾经同尼罗河是连在一起的，是尼罗河的河源之一。在盛水季节，湖水经常漫溢到尼日尔河的最大支流贝努埃河，一直通向大西洋。后来由于地形变化，天长日久，出口河道泥沙淤塞，乍得湖与尼罗河、尼日尔河渐渐失去联系，尼日尔河同尼罗河分道扬镳，各奔前程，才使乍得湖演变成今天的内陆湖泊。在地质史上，乍得湖也经历过比现代还要干旱的时期，今天深入到湖里的沙丘岛弧，可以看到过去古乍得湖湖岸的遗址。

乍得湖水质优良，水浅，温度高，是一个天然渔场。尽管它和其他水系隔绝，但是，所产的鱼种几乎和周围的水域没有两样。湖区是非洲重要的淡水鱼产地之一，出产大量的泥鳅鱼、尼罗河鲈鱼、鲶鱼、河豚、虎形鱼等。

乍得湖四周的浅水区，生长着茂密的芦苇和纸草，它们是用来编织日常生活用品和工艺品的原料，更是用来造纸的上等原料。沿岸产食盐和天然碱，为发展化学工业提供了原材料。湖区东部被水道隔成很多岛屿，岛上空气新鲜，鲜花盛开，风景优美，为发展旅游业提供了条件。湖区东南部，沙里河以及洛贡河流域是重要的农业区，盛产棉花、花生、稻米、薯类等。

自古以来，乍得湖地区就是撒哈拉沙漠南缘的交通要地，乍得首都恩贾梅纳、尼日利亚北方城市迈杜古里等地是素享盛名的商业、交通中心。

为了充分利用开发乍得湖的丰富资源，湖滨国家先后成立了"乍得湖开发资源办公室"、"乍得湖资源研究协会"等专门机构从事这方面的工作。

沉睡了多年的乍得湖，如今已苏醒过来，焕发出青春活力。乍得湖的前景无限广阔。

"北美地中海"——五大湖

　　五大湖是世界上最大的淡水湖群。它坐落在北美大陆中部，是5个彼此相连、相互沟通的湖泊的总称。它们自西向东依次是：苏必利尔湖、密执安湖、休伦湖、伊利湖和安大略湖。

　　五大湖在美国和加拿大之间，除密执安湖属于美国外，其余4个湖泊均为美加两国共有。由于五大湖水域辽阔，水量巨大，又位于北美大陆的中部，因此，素有"北美大陆地中海"或"淡水湖"之称。

　　五大湖东西延伸1383公里，南北宽达1125公里，总面积为245000平方公里，和英国本土的面积差不多。最西边的苏必利尔湖是世界最大的淡水湖，面积在世界湖泊中仅次于里海而占世界第二位；其余4个湖面积和容量也居世界前15名之内。五大湖湖水的平均深度近100米，超过北海和波罗的海，最深达406米。总蓄水量达24458立方公里，占全世界淡水总量的1/5，约相当于北美洲最大河流密西西比河年径流量的40倍，约占美国湖泊和水库供应的淡水总量的90%左右。流域总面积为753950平方公里。

　　五大湖的湖面高差分成三级：苏必利尔湖经苏特·圣大马利滩倾入密执安湖和休伦湖；由休伦湖经圣克莱尔河—圣克莱尔湖—底特律河入伊利湖，这一联结水道高差仅有2～3米，水势平缓；伊利湖与安大略湖之间高差99米，这里有世界著名的尼亚加拉大瀑布。该瀑布落差约49米，宽达1240米，水势澎湃，景色壮丽，是北美著名的风景区。

　　五大湖汇合了附近的一些河流和小湖，构成北美一个独特的水系网。注入的河流很少，湖水主要靠雨雪补给，水位稳定，年变幅仅30～60厘米，水位升降受雪、雨支配，冬季水位最低，1月湖滨及河流开始封冻，3月末4月初解冻，6～7月份水位最高。但各湖高差变化仅在0.5米左右。五大湖对沿岸附近的气候有明显的调节作用，与邻近地区相比，湖区夏凉冬暖，降水较多。

这样一个大湖群，其巨大的湖盆是如何形成的？浩瀚的湖水又是来自何方呢？

在地质历史上，五大湖地区曾属于河流的上游。第四纪时，北美大陆北部广大地区受到大陆冰川的侵袭，五大湖地区接近拉布拉多和基瓦丁两个大陆冰川的中心，几次大冰期时都被冰川所覆盖，当时，冰川所覆盖的范围大致在俄亥俄河—圣路易斯—堪萨斯—密苏里河及加拿大的卡尔加里一线以北，约占北美面积的一半。冰盖厚达2400米，具有强烈的刨蚀作用，使原有低洼谷地松散的沉积层和较软的岩层被冰川带走，将谷地拓宽和加深。五大湖以南即为冰川的南缘，冰川所携带的泥沙和大小石块在这里不断堆积，形成终碛丘，这样就形成了目前五大湖巨大的湖盆。气候转暖时，大陆冰川开始消退，融化的冰水受终碛丘的阻碍，聚积于冰蚀洼地之中，就形成了五个大的湖泊。五大湖从形成至今，已有大约1.2万年的历史。

北美洲五大湖之一的苏必利尔湖，是世界面积最大的淡水湖，面积82410平方公里，比世界第二大淡水湖维多利亚湖大得多。该湖为美国、加拿大两国共有，美国占2/3，面积约54000平方公里，加拿大占1/3，面积约为28000平方公里。该湖东西长616公里，南北最宽处257公里，湖岸线长3000公里，湖面海拔183米，平均深度148米，最大深度406米，蓄水量12240立方公里，是五大湖中海拔最高、湖盆最深、蓄水量最多的湖。湖区气候冬寒夏凉，多雾，风力强盛，湖面多波浪。冬季湖岸带封冰，全年可航期一般约6～7月。湖水较纯净。湖中最大岛屿为罗亚尔岛，已辟为美国国家公园。

苏必利尔湖接纳约200条小支流，较大的有尼皮贡河和圣路易斯河等，多从北岸和西岸注入，流域面积12.77万平方公里。

密执安湖是五大湖中惟一完全位于美国境内的湖泊。南北延伸长达517公里，东西最宽约190公里，面积58000平方公里，是美国最大的淡水湖泊。湖岸线长2100公里。湖泊深度由北向南渐减，平均深84米，最深处达282米，蓄水量4875立方公里。湖面海拔约177米。水流缓慢，呈逆时针向流动。12月中旬至翌年4月中旬湖岸带封冻，影响航运。湖泊对气候具有明显的调节作用，西风盛行使东岸冬暖夏凉，早秋晚春不冰冻。

密执安湖接纳福克斯等小河注入，流域面积11.8万平方公里。

休伦湖为美国和加拿大共有。长330公里，最宽处295公里，面积59600平方公里。湖岸线长2700公里。平均水深60米，最深达229米。蓄水量3540立方公里，湖面海拔177米。湖泊水质好，盛产鱼类。冬季沿湖岸封冻，航运季节限于4月初至11月末。湖中马尼图林岛，长130公里，面积2766平方公里，岛形极不规则，是世界淡水湖中面积最大的岛。岛上湖沼众多，马尼图林湖面积100平方公里，是世界最大的湖中之湖。

休伦湖接纳许多小河注入，流域面积13.39万平方公里。

伊利湖，为美国和加拿大共有。呈西南—东北向延伸，长388公里，最宽处92公里，面积为25700平方公里。湖岸线长1200公里。平均深度18米，最深64米，是五大湖中最浅的湖泊。蓄水量455立方公里。湖面海拔174米，比安大略湖高99米。多强烈风暴，常引起湖面波动。加之水浅，对航运有一定影响。12月初至翌年4月初湖面封冰，可航期为8个月。

伊利湖接纳休伦、雷辛、莫米等支流，流域面积为5.88万平方公里。

安大略湖，位于美国和加拿大之间，略呈东西延伸，长311公里，南北最宽处85公里，面积19500平方公里。湖岸线长1380公里。平均深度85米，最深236米。蓄水量1688立方公里。湖面海拔75米，比伊利湖低。表流流向自西向东，平均日速约13公里。12月至翌年4月中旬沿岸带封冻，全年可航期一般达8个月。

安大略湖有杰纳西河、奥斯威戈河和布拉克河等小河的注入，流域面积约7万平方公里。西南面通过尼亚加拉河承受上游四大湖的水量，经圣劳伦斯河注入大西洋。

富饶美丽的五大湖区，湖滨平原肥沃广大，地形复杂多样，资源丰富，自然景色秀丽多姿，经济发达，城镇密布，工农业生产集中，在美国和加拿大两国经济中占有重要的地位。

从复杂的地形条件、气候条件以及自然景观看来，北美五大湖区是一个很明显的过渡地带，它是墨西哥湾与北冰洋两个斜面的分水岭。在五大湖地区以南的许多重要河流都是由北向南流入密西西比河，直奔墨西哥湾。在五大湖地区以北的许多河流是由南向北，或由西向东北流入加拿大的哈得逊湾或大西洋。五大湖区地处北纬42～48度之间，纬度高，大陆性气候比较明显。冬季长而严寒，夏季短而凉爽，有时也会出现炎热天气。在密执安湖南部区域9～10月份早晚比较凉快，稍有寒意，但到中午阳光充足，感到温暖。

五大湖区南部自然景色非常优美，尤其是夏秋季节。沿着密执安湖和伊利湖的湖岸，湖光水色，十分优雅。红色的枫叶与翠绿的松杉相互辉映，构成这一带美丽的自然景色，还有一望无际的丛林和湖边青绿的草地，犹如绿色海洋。

在五大湖区的森林中，还有许多珍贵的野生动物，如美洲麋、熊、狼和狐狸等。湖中有美洲水貂、水猴和海狸等。偶然还可看到极为罕见的北美野牛。

五大湖区不仅风景秀丽，而且地下资源相当丰富，储量大，品种多，质量好，开采条件也很便利。湖东面的阿巴拉契亚山地是美国最重要的煤田，其储量占全国的一半。苏必利尔湖的西面和南面是美国重要的铁矿产区，蕴藏量约占美国的80%。目前五大湖区主要的开采区是梅沙比、库尤纳、马克特、梅诺米尼。其中梅沙比的开采量占全国第一。在休伦湖和密执安湖沿岸还有丰富的石灰石、锰、铀、金、银、铜和盐等矿产资源。

五大湖具有重要的航运价值，对附近地区经济发展起着很大促进作用。五大湖不仅彼此相连，而且还有许多天然水道与运河同海洋连通，如安大略湖东经圣劳伦斯河可通圣劳伦斯湾；伊利湖经伊利运河与哈得逊河在纽约附近连接大西洋；密执安湖的西南面有伊利诺斯运河与密西西比河沟通，从五大湖可一直向南进入墨西哥湾。为了使大型远洋海轮可直接驶入五大湖最西部的苏必利尔湖沿岸，美、加两国开通了圣劳伦斯海轮新航道，沿湖许多大城市可与世界一些大港口直接通航。这样，不仅五大湖沿岸各城市之间联系便利，而且五大湖地区与北美洲及世界各地的来往也更为频繁，进一步促进了这一地区的经济发展。

在五大湖的湖滨地区，分布着许多现代化城市港口。主要湖港有：美国的德卢斯、芝加哥、密尔沃基、贝城、阿尔皮纳、麦基诺城、布法罗、伊利、底特律等，加拿大的桑德贝、萨尔尼亚、戈德里奇、多伦多、金斯顿、哈密尔顿等。

如今，在五大湖区漫游时，50年前那种恬静优美、草木丛生、湖光倒映的自然景观已经不多见了，代之而起的是栉比鳞次的大厦、繁忙的港口码头、欣欣向荣的城市。五大湖沿岸的生态环境正飞速演变着，日新月异，令人目不暇接。

西半球最大的大盐湖

大盐湖是西半球最大的咸水湖，位于美国犹他州西北部，东面是落基山支脉沃萨奇岭，西面是大盐湖沙漠，是北美洲最大的内陆盐湖。

大盐湖为更新世大冰期时大盆地内大淡水湖本内维尔湖的残迹湖。约在100万年前，本内维尔湖的面积广达5.2万平方公里。在其后的冰期中，大量淡水注入湖盆，经斯内克河汇入哥伦比亚河，最后注入太平洋。冰期过后，气候变干，蒸发加强，本内维尔湖的水位下降，出口切断，遂变成内陆湖。

大盐湖干燥的自然环境与著名的死海相似，湖水的化学特征与海水相同，但因蒸发量远超过河川补给量，湖水含盐度又比海水大得多。历史上由于蒸发量和河水流量的变动，湖的面积变化极大，1873年面积为6200平方公里，1963年只有2460平方公里，20世纪70年代初期约为4000平方公里。

大盐湖西北—东南向延伸，长120公里，宽63公里，深4.6～15米，面积3525平方公里。湖面海拔约1280米，盐度高达150～288%。东南和南部接纳贝尔河、乔丹河和韦伯河，湖水无出口，故湖面南高北低，盐度则北高南低。

大盐湖为犹他洲一大旅游胜地。盐湖城是该州内最大的城市和首府，位于湖的东南岸。美国南太平洋铁路横跨大盐湖湖面。

湖中岛屿散布，主要有安蒂洛普岛等，可饲养水禽和牧羊。湖中生物限于盐水虾、水藻等，虾籽是国际市场上热带鱼饲料来源之一。

大盐湖资源丰富，盐类储量较大，达60亿吨，其中食盐占3/4，还有镁、钾、锂、硼等。年产食盐约27万吨。20世纪70年代起着重开采、提炼钾、碱和镁等多种矿物。

如今，当地人民正合理开发利用大盐湖的资源，让它为人类作出更大的贡献。

高原明珠——的的喀喀湖

　　的的喀喀湖位于南美洲安第斯山区，秘鲁、玻利维亚边界处的利亚奥高原上，是世界海拔最高的大淡水湖，也是世界闻名的"高原明珠"。

　　的的喀喀湖海拔3812米，在世界大淡水湖中名列第一。全湖面积8330平方公里，最长处194公里，最宽处65公里。水深一般在20米以上，平均水深100米，最深处304米。湖水呈淡绿色，清澈见底。湖泊的3/5在玻利维亚境内，2/5在秘鲁境内。湖水由高山雪水汇集多条河川补给，向南经德萨瓜德罗河入玻利维亚波波湖。的的喀喀湖湖岸曲折，多半岛、湖湾。科帕科瓦半岛和塔拉科半岛把湖面分为两个水域，即大湖丘古伊多、小湖维那马卡。湖中有大小岛屿41个，太阳岛和月亮岛是印第安文化摇篮，一直被人视为圣迹。安第斯山脉像巨大的屏障保护着的的喀喀湖；而的的喀喀湖的存在又使该地区气温与湿度得到调节。

　　乘小游艇漫游的的喀喀湖，充满了神秘的色彩。当游艇缓缓前进时，你可以看到大片的香蒲冲破湖水，傲然挺立在湖面上，一望无际的香蒲丛中有纵横交错的水道。生活在湖上的乌罗人常常单人划着用湖中的芦苇和香蒲编织成的一种叫"托托拉"的小船在水道上出没。这种两头尖翘、轻巧灵便的草船航行在湖光山色之中，构成了的的喀喀湖上的独特风貌。

　　人们泛舟湖中，还可以看到许多居住着三五户人家的"浮动小岛"。这些漂来漂去的小岛并非陆地，而是用当地出产的香蒲草捆扎而成的。香蒲草是多年生草本植物，高达2米，叶子细长，可以编织席子、蒲包。厚厚的香蒲草堆铺在一起，浮力很大，乌罗人就在上面用香蒲盖起简陋的小屋。乌罗人在这香蒲草的世界中，保持着世代相传的民族习惯。乌罗人的主要交通工具是用整根的香蒲捆扎起来的小筏，约有2米多长，可载4~5个人，用长篙撑驶，纵横驰骋在香蒲丛生的浅水区中间。所以，到的的喀喀湖观察熟悉乌罗人的生活，又是别有一番风味的旅游经历。

的的喀喀湖不同于世界上许多高山咸水湖，而是淡水湖，适宜于生物饮用。因此，湖中鱼虾众多，岛上水鸟聚集。湖底和香蒲周围生长着茂密的水草，水中游鱼嬉戏。在香蒲丛中觅食的野鸭，受到游艇的惊扰，咯咯咯地叫着飞向远方。其中有一种名叫"波科"的鸭，两翅五彩缤纷，头呈墨绿色，而面颊却雪白，像是淘气的小孩给自己脸上涂了厚厚的一层白粉，格外讨人喜欢。

的的喀喀湖中岛屿很多，太阳岛和月亮岛点缀在其中，地貌呈棕紫二色。埃斯特维岛是湖中岛屿较大的一个，它两头高，中间低，在中间凹下的部分隆起一座漂亮的建筑，那就是可以俯瞰湖面的旅游者饭店，游人下榻这里，确有枕于水波之上而揽其山光水色之乐趣。

蒂亚瓦拉科文化遗址就在的的喀喀湖东南21公里处，海拔约4000米。在那里可以看到许多巨大的石像和石柱，其中最著名的古迹是雨神"维提科恰"的石塑像。这里还有闻名于世的"太阳门"。它是用整块巨大的石块做的门，门上有被太阳光线围着的人形浅浮雕。紧挨着太阳门，有座奇特的建筑，是用石头砌成的长方形台面，长118米，宽112米，据考古学家分析，可能是古代印加帝国祭祀太阳神的祭坛。这里是的的喀喀湖区艺术的荟萃之地。

的的喀喀湖地区是古代印第安人著名的印加文化发祥地之一，古老而又美丽，自然环境十分优雅，秀美的湖光岛色，交相辉映，令人陶醉，不愧为高原上一颗灿烂的明珠。

"石油湖"——马拉开波湖

马拉开波湖是世界上最富饶、最集中的产油区之一，也是南美洲最大的湖泊。

马拉开波湖位于委内瑞拉西北部沿海马拉开波低地的中心，经长35公里、宽3～12公里的水道与委内瑞拉湾相通。马拉开波低地系安第斯山北段一断层陷落盆地，东科迪勒拉山脉向北支脉—佩里哈山脉和梅里达山脉分列低地两侧，其最低部分聚水成湖，属构造湖。

马拉开波湖口窄内宽，南北长190公里，东西宽120公里，湖岸线长约1000公里，面积13380平方公里。北浅南深，最深达34米，容积2.8亿立方米。含盐度15%～38%，北部微咸，南部湖水被源自安第斯山脉的圣安娜、卡塔通博、查马、莫塔坦、埃斯卡兰蒂等数十条河流注入的水所冲淡。南岸多沼泽和泻湖。除北部委内瑞拉湾沿气候干热，年降水量不足500毫米外，湖区大部分高温多雨，年平均气温28摄氏度，年降水量1500毫米以上，为南美洲最湿热地区之一。

马拉开波湖有石油湖之称。油田集中于东北岸，并向湖底延伸，含油气面积达1300平方公里，多为高产大油田，其次是西北岸。产油层主要是第三纪砂岩和白垩纪石灰岩。1917年打出第一口生产井，1922年起大规模开采，使委内瑞拉一跃成为世界重要的石油生产国和输出国之一。目前原油产量占委内瑞拉总产量的75%。石油工业的迅速发展，使马拉开波地区的面貌发生变化，到处井架林立，油管纵横。西北岸的马拉开波城成为全国第二大城和世界重要的石油输出港，并有卡维马斯、阿尔塔拉西亚、拉康塞普西翁、拉古尼亚斯等重要石油城镇。1975年实现国有化。采油的同时可获得天然气。

马拉开波湖的南岸为委内瑞拉重要农业区之一，主要生产香蕉、花生、甘蔗等作物。湖畔农场生产可可、椰子，出口咖啡。西岸乳牛业发达。

马拉开波湖为邻近地区和哥伦比亚—委内瑞拉高原的运输大动脉。水道经过疏浚，现可通大型海轮和油轮，输出原油以及安第斯山区和湖南岸的农畜产品。沿岸陆上交通发达，湖口架有8公里长的拉斐尔—乌达内塔大桥，沟通了东西两岸的石油城镇。

富饶的马拉开波湖，哺育着两岸人民，使马拉开波地区繁荣昌盛，面貌日新月异。

◎ 奇湖异事 ◎

　　湖以它的广大和深奥给人留下了与海一样
的神秘。

　　千万年来，种种不解之谜始终是人类探索
的方向……

咸淡水各半的巴尔喀什湖

　　巴尔喀什湖是一个神奇的湖泊，它的湖水一半是咸的，一半是淡的，在世界众多湖泊中实属少见。

　　巴尔喀什湖地处中亚腹心地带，哈萨克斯坦共和国的东部。它是一个堰塞湖，湖面海拔340米，湖区呈狭长状，东西长605公里，南北宽9～74公里。水面面积1.8～1.9万平方公里，随水位高低而变化。湖水很浅，最大深度为26米，蓄水量为112立方公里。

　　巴尔喀什湖大体以湖中部的萨雷姆瑟克半岛以北的乌泽纳拉尔湖峡为界，把湖面分为东西两部分：西半部广而浅，东半部窄且深。西湖宽27～74公里，水深不超过11米；东湖宽10～20公里，水深达25米。有伊犁河、卡拉塔尔河、阿克苏河、阿亚古兹河等注入西湖。西半部湖水淡而清，东半部含盐分较高。两湖之间有狭窄的水道相连。

　　巴尔喀什湖东半部的湖水是咸的，而西半部的湖水却是淡的。为什么会这样呢？原来从巴尔喀什湖所处的地理位置来看，该湖地处中亚心腹地带，气候极度干燥，降水稀少，蒸发旺盛，本应形成内陆咸水湖泊。但是，巴尔喀什湖有其特殊之处，其一，在湖泊西半部，发源于天山山脉的伊犁河自东而西注入该湖。伊犁河源远流长，水量较大，构成巴尔喀什湖的主要水源。而湖泊东半部却没有大河注入，其蒸发量大大超过河水补给的数量。这是造成巴尔喀什湖东西两半部咸淡明显不同的根本原因。其二，巴尔喀什湖是一个东西狭长的湖泊。这就影响湖水水体的交换，东部的咸水和西部的淡水间无法很好的相互交流。这是巴尔喀什湖东西两半部不同的又一个原因。因此，巴尔喀什湖在世界内陆湖泊中是一种十分罕见的湖泊。

　　巴尔喀什湖的西部仅伊犁河注入的水量，就占总流入水量的75～80%，平均含盐量1.48%；东部仅有数条小河注入，平均含盐量

10.42‰。湖东岸是巴尔喀什湖盆地与阿拉湖盆地接壤处；北岸同哈萨克丘陵毗连，是岩石高地，有古代阶地的痕迹；南岸是低凹的沙地，芦苇丛生，其中许多小湖沼经常被湖水淹没，日益沙漠化。整个湖区属温带大陆性气候。1930～1967年西部平均气温7摄氏度，东部4摄氏度；6月份西部27摄氏度，东部22摄氏度。年平均水温在9～10摄氏度之间。年降水量430毫米。湖面年蒸发量达950～1200毫米，因而湖面下降，盐度增加。11月底到翌年4月初湖面冰冻。

巴尔喀什湖区地层多碳酸盐沉积，动物繁多，特别在芦苇丛中有大量鸥、野鸭和鸬鹚，此外还有天鹅、鹈鹕、雉和鹧鸪。野兽有野猪、狼、狐狸和野兔等。湖中有20种鱼类，有6种是这里的特产，其余是人工养殖的，包括鲤、鲈、鳊、鲟、狗鱼、弓鱼等。20世纪30年代起在湖中养鱼，发展渔业。湖上有货轮来往。主要湖港有布鲁尔拜塔尔和布尔柳托别。北岸为著名的铜矿带，巴尔喀什是重要的炼铜中心。与哈萨克斯坦和中亚重要城市有铁路连接。南岸伊犁河下游农牧业发达。1970年伊犁河上建成卡普恰盖水电站，水库蓄水后，巴尔喀什湖的水文状况有了巨大的变化。通过进一步的开发建设，巴尔喀什湖的前景必将更加广阔。

"水上菜园" 茵莱湖

在缅甸的茵莱湖上，漂浮着一片片的水上菜园，它叫"浮岛"。这些浮岛可以随湖水的涨落而升降，也可以像船一样划来划去。岛上的蔬菜既不会因湖水暴涨而淹没，也不怕干旱无雨而干枯。湖上的渔民、浮岛上的菜农、上学的儿童都驾着这种船来往于湖上，就连和尚出门化缘也时常乘这种船，而他们划船用的工具是两只脚。

茵莱湖位于缅甸北部掸邦高原的良瑞盆地上，为缅甸第二大湖，缅甸著名的游览避暑胜地。湖面海拔970多米，南北长14.5公里，东西宽6.44公里，三面环山，来自东、北、西三面的溪流注入湖中，向南汇入萨尔温江。湖水清澈，阳光直射湖底。湖中生活着20多种鱼，有丰富的水产资源。

茵莱湖上的浮岛有两种——天然浮岛和人工浮岛，它们都是漂浮在水上的土地。当地人为了谋生，把湖上漂浮的水草、浮萍、藤蔓植物等聚集起来，覆盖上湖泥，造成新的浮岛。这些浮岛的面积大小不等，大的有0.4平方公里，小的只有1平方米左右。

人们在大浮岛上开出一块块细长的条田，种植瓜果蔬菜或粮食，有的岛中央还盖起了轻便的房浮岛，这些房浮岛可以用竹篱固定在水面上，也可以在湖中漂移。浮岛上水足土肥，各种蔬菜和作物生长茂盛。浮岛周围鱼群聚集，人们种地之余，还可以捕捞鱼虾。

为了方便人们的往来，浮岛之间距离较近的有竹桥或木桥相通，距离远的就得使用小舟了。在浮岛群中央，有两个细长的浮岛相对，中间形成一条约3.4米宽的河道，两岸建起了一个个商店。河道上舟来船往，络绎不绝，真像是一条繁华的水上商业街。

生活在水乡泽国中的茵达族人，一般是把四根高脚木桩的房屋建在湖畔或岛边的浅水中，形成了一个个水上村落。远远望去，碧水之上村落点点，别有天地。每家的门前都系有一叶扁舟，一出家门就以船代步。所以，人们从小练就了用脚划船的硬功夫。当地人认为，用脚划船速度快而耐久，并能腾出手来撒网、抛叉，一个人在船上作业，可以行船捕鱼两不误。这个独特的传统划船方法至今仍在普遍采用。节日期间，湖上居民们还举行划船比赛，为茵莱湖上的一景。

泰莱湖的怪物之谜

在刚果（布）和加蓬交界处，有一片叫做泰莱湖的大沼泽区。这里是一个极其恐怖的世界。当地土人称它为"地狱之门"，因为传说7000万年前就从地球上消失的恐龙又突然在这里出现了。

这个震惊全世界的传闻吸引了各国许多科学家，难道当今地球上还有恐龙存在吗？为了解开这个千古之谜，美国黑人学者雷吉斯特兹筹集了4万美金，组成了一支精干的考察队，向"地狱之门"进发。

然而这已不是第一次考察了。1978年，一支法国科学家组成的探险队首次进入这片原始森林沼泽地区，希望获取活恐龙存在的确凿证据，但这支不幸的探险队中没有一名成员从沼泽林中活着归来。

这是怎么回事呢？原来在泰莱湖一带，盛传有一种硕大无比的怪兽，它平时活动在人迹罕至的湖沼泽腹地，隐形遁迹，行踪诡秘。1980年5月，一个名叫埃古尼的村民路过这里时，亲眼看见湖沼中有一头巨大的黑色怪物在猛烈翻动，周身闪现出一道淡红色的光环，犹如彩虹贯空。1983年的一个夜晚，有个渔民在埃得扎玛河一带捕鱼，猛然间发现一只巨大的怪兽正在湖岸边吞食植物。慌乱之中，那渔民弄出一点声响，被怪兽察觉了。只听它发出一阵尖厉的嚎叫，立即返身向湖中遁去，一路上磕磕碰碰，居然把木桶般粗的大树撞倒了好几棵。

这一切，都说明泰莱湖沼泽地确实存在着这种类似恐龙的不知名的巨兽。

为了避免重蹈法国探险队的覆辙，雷吉斯特兹的考察队配备了十分精良的现代装备，有电子计算机以及能与卫星通讯联系的发报机。为了防备野兽和土著的毒箭，还特地带上了高速发射的自动枪支、抗毒蛇血清和箭毒解药。

泰莱湖区属于赤道热带雨林区，到处云雾弥漫，林木遮天，一派与世隔绝的史前处女地景象。尤其是那片恐怖的原始沼泽地，即使是最熟练的猎人也无法进入纵深之处。

从距离最近的居民部落，越过沼泽地到达泰莱湖至少需要5天，考察队忍受了难以想象的痛苦。他们背着沉重的行李在泥泞的沼泽中挣扎挪步，一不小心就会遭到灭顶之灾。死神每分钟都在威胁着队员。他们不仅无法休息，还遭受到无数嗜血蚊蝇的叮咬。队员们个个浑身上下都是肿块伤痕。赤道炽烈的阳光晒得他们头昏眼花，再加上严重缺水，许多队员几乎要昏倒在沼泽地中。在这样极度恶劣的境地中，考察队员以超人的意志，走完了5天的"死亡旅程"。

此刻，美丽的泰莱湖呈现在他们眼前，湖面恬静安宁，仿佛是一个神仙居住的世外桃源。

考察队员搭起帐篷，安置好各种观察仪器，他们整整等待了6个星期，终于，梦寐以求的时刻来临了。

这天，他们刚进入森林地带，向导吉恩一不小心跌入了水池。这时其他人正忙于拍摄一群当空掠过的天鹅，谁也没有注意。直到5分钟后，才听见吉恩的大声呼喊："快来！快来！"开始同伴们还以为他遇到了危险，赶紧朝吉恩奔去。只见激动万分的吉恩用手指着左前方。同伴们顺势望去，天哪！300米外的湖面上半浮着一个奇异的长颈怪物，它的背部相当宽阔，头很小。

"恐龙！"雷吉斯特兹禁不住叫出声来，他几乎不敢相信自己的眼睛。也许是太兴奋太激动，他的双手在发抖，一时间连摄影机的光圈焦距都无法调准了。但他还是屏住了呼吸，一口气把摄影机中的胶卷拍得干干净净。

一个队员赶紧坐上独木舟，向怪物悄悄划去。但在离它60米处，怪物的小脑袋东张西望一阵后，立刻就沉入水底，消失得无影无踪了。

雷吉斯特兹将拍摄湖怪的录像带和当时的录音全部带回美国，进行了仔细认真的实验分析，证明泰莱湖沼泽区很可能有活恐龙。但究竟是哪一种恐龙呢？雷吉斯特兹回忆说，湖怪有3米长的脖子，头小，背长约4.5米，整个身体的长度估计有9～12米，皮肤灰色而有光泽，似有尾巴。他又对当地几十名湖怪目击者进行了调查，并拿出一套包括世界上所有大动物的照片，其中混入一张恐龙的复原图照片让他们辨认，几乎所有的目击者都认为恐龙的图片最像湖怪。

然而，对于恐龙是否真的存在的问题，一些谨慎的科学家仍然认为，眼下的所有证据仍不足以证明泰莱湖确有活恐龙。为此科学家将进行不懈的探索，全世界许许多多人也将热切地希望能听到更多关于恐龙的消息。

鄱阳湖沉船之谜

国外的百慕大三角区被称为"魔鬼海域",我国的鄱阳湖也有一处"魔鬼区域",它的中心是在都昌县老爷庙。据统计,从20世纪60年代初至80年代末,已有200多艘船只在这一带沉没,1600多人遇难,有幸生还者已被吓疯、吓傻……

1945年,江南《民国日报》曾刊登一篇题为《鄱阳湖魔鬼发怒,日巨轮阴沟覆舟》的消息:

"4月16日,日神户5号大型千吨位巨轮,满载军需辎重,途经鄱阳湖北上。船行都昌县老爷庙以东魔鬼区域,突遇狂涛骇浪袭击。是日蓝天白云,晚霞蔽天。及此间湖面阴暗,乌云四起,啸声骇人,巨浪滔滔。神户5号笼罩在一团浓密的黑雾中。俄顷,乌云渐散,浪涛尽退,湖面风平浪静,晚霞绚丽,神户5号神秘失踪,满船二百余人不翼而飞……"

美国一家谍报机关探查到"神户5号"运载的是从中国南方各地抢来的金银珠宝、古宝玉器,价值数十亿美元。

抗战胜利后,美国有关方面在国民党政府的邀请下,在沉船区域开展打捞"神户5号"的工作。他们历时月余,耗资数万,结果却一无所获。对于打捞经过,所有的参与者都缄口不言。

上文所提到的老爷庙坐落在都昌县落星山东南5公里处的湖岸山坡上。据当地史料记载和民间传说,落星山和隔岸遥遥相望的星子县,其名均出于2000年前,当时有一颗巨大的流星坠毁于这一带。

在落星山和老爷庙一带,除了不断发生沉船事件外,还经常出现种种神秘现象:

1970年初夏,人们在这一带水域发现了一个"湖怪"。目击者对这个"湖怪"的描述不一,有的说像大扫帚,有的说像白锁链,有的说像个张开的大降落伞,浑身长满了眼睛……

1980年的一个雨后黄昏，老爷庙水域上空，突然出现了一块有台球桌面大小的圆盘发光体，绕着老爷庙缓缓游动。当地盛传这是菩萨显灵，闹得老爷庙有一阵终日香火缭绕。

也是在1980年，江西省派出一支由自然、气象、地质专家和有关科研人员组成的考察队前来这里探查和考察。

考察队通过大量的调查发现，老爷庙水域内发生的沉船事故多发生于每年春天的三四月份，无论白天还是黑夜，过往船只都有被巨浪吞没的危险。出事当天，天气都非常好，从未在阴雨天发生过沉船事件，而世界上任何地方沉船都伴有恶劣天气（触礁除外）。

另外，老爷庙水域内发生的沉船事件，都是在毫无防备的情况下，由突然出现的狂涛巨浪所致。风浪持续时间短，从黑雾弥漫、巨浪覆舟到湖面恢复平静，仅仅几分钟。狂涛来时，伴有风雨、怪啸声和船体的碎裂声，四周黑气沉沉，伸手不见五指。

考察队还发现，老爷庙正处于落星山东西线的上下正中，三角形庙宇的三个直角和平面锥度相等，不差分毫，这就形成了很强的立体感觉。难怪当地渔民反映，不管从湖上的哪个方向望去，都始终觉得与老爷庙面对面。

要知道，老爷庙建于1000多年前，难道那时候就有人知晓这种建筑原理吗？是巧合还是有意为之？

几名来自海军某部的潜水员，在这一带水域下搜寻了方圆十几公里，却没发出任何异常情况。老爷庙水域水深一般在30多米，最深处为40米左右。湖底除了大大小小的鱼蚌外，未发现任何沉船，甚至连一点沉船的残骸都没有看见。

千百年来在这里沉没的大小船只，难道都不翼而飞了吗？

在搜索过程中，有一个潜水员在水下失踪了。其他潜水员下湖搜寻了几遍，也不见其踪影。不久，一位乡干部赶到考察队驻地，向他们报告了一个惊人的消息：当地乡民在距老爷庙15公里的昌芭山湖发现了一名潜水员的尸体。考察队赶去后，发现正是那位潜水员，他平躺在绿色的草丛中，面色安祥而平静。

他的死，又留下一个不解之谜。

老爷庙背后的昌芭山湖，自古就是个死湖，面积约20平方公里，四周环抱着峡谷和丘陵，经测量，地势要比鄱阳湖高出12米。潜水员从老爷庙水域下湖，怎么会在十几公里之遥且湖平面高于鄱阳湖十几米的死湖里出现？经潜水员多次下湖探测，并未发现两个湖底有暗流相通。

人们猜测，2000年前坠毁于此的流星带有一种神秘物质，它一直没有消失，导致船只在此失控倾覆。那么沉船残骸呢？莫非也被这种神秘物质消融了吗？于是又有人猜测，是外星人的飞碟经过这里把那些船只掳走了。

1989年，"联合国科学考察委员会"在老爷庙湖畔山坡上竖起了"联合国科学考察区"的铜牌，正式把鄱阳湖列为国际科学考察区。随着国际性研究工作的深入，鄱阳湖沉船之谜一定会揭开的。

湖泊风光

死海真"死"了吗

死海，这闻名世界的内陆湖，位于西亚南端，以其特别低洼的海拔
（−392米），特别高浓的盐度(24%)，而令人感到神秘。在死海这样高盐
度的湖水之中，不仅没有可爱的鱼虾，甚至连沿岸的树木都难以生长。因
此，千百年来，人们把这个没有生命的水域称为死海。但尽管如此，人们
对她的关心还是与日俱增，因为她拥有丰富的盐和其他矿藏，从而增添了
一定的魅力。然而近年来，有不少人在感叹：死海将不存在了，死海将真
的"死"了。

死海将死的预言首先是针对死海的水而言的。几千年漫长的岁月中，
死海日复一日、年复一年地不断蒸发浓缩，湖水越来越少，盐度越来越
高。夏季，这里的气温可达50℃以上，贪婪的大气对湖水的"食欲"也就
更旺盛了。就是向死海供水的约旦河，也早已绝非淡水河了。那里终年少
雨，农田灌溉还要向约旦河不断索取河水，水源枯竭的威胁正在日趋严
重。1976年，死海水位迅速下降，其南部开始干涸化了。照此下去，死海
干涸似乎不可避免。死海是"死"定了。

死海如真的不幸灭亡，那里的环境就将随之变迁，后果将难以预料。
为此，以色列计划用"输血式"方案来拯救死海。即打算开凿一条运河，
以沟通死海与地中海，让地中海的"血液"通过运河源源不断地"输给"
死海，使濒临灭亡的死海重返青春。同时又可为核电厂提供冷却水，还可
利用地中海与死海之间近400米的落差开发水电。一举数得，那么，死海
就不会死了。

但是，更多的证据说明地中海本身的平衡也是很脆弱的。副热带高气
压控制下的地中海即使还有大西洋少量海水及沿岸河流的补充，也难以补
偿巨量的海水蒸发。地中海本身大有入不敷出之忧。如果这样，自顾不暇
的地中海最多也只能救死海一时。从长远看，死海似乎还是有厄运在等待

着。

　　然而，也有一些人从另外的角度看死海，认为死海不会死，大可不必杞人忧天。因为在地质构造上，死海位于著名的叙利亚—非洲大断裂带的最低处，而这个大断裂带还正处在幼年时期。它前途无量，是未来的世界大洋。法国的一些海洋地理学家指出：与死海位于同一构造带上的近邻红海，其海底就新发现了一条深2800米的大裂缝。这个裂缝正在缓慢地发展，从地壳深处正在不断地冒水。既然死海与红海"本是同根生"，那么理应"生命相连接"。死海意味着会像红海一样，迟早会有底部裂缝，迟早会从地壳深处冒出盐水，并将随着裂缝的发展增大，向着汪洋大海的目标前进。

　　更有甚者，近来又发现，死海也不是无生命存在的死水了。20世纪80年代初，科学家先发现死海之水不再像以往那样清澈透明，而是正在变红。经仔细分析研究，人们发现死海水中正迅速地繁衍着一种红色的小生命——"盐菌"。盐菌的数量之多十分惊人，每立方厘米海水中含有2000亿个这样红色的小生命。它们的抗盐能力非同小可，在盐水中嬉游，在盐水中快速地"生儿育女"，使死海之水正在变红。另外，还发现死海中尚存在一种单细胞藻类植物。这些发现是惊人的，也是喜人的。人们感到，死海之名已经名不副实了，建议应按原来希伯来语的本意，正名为"盐海"。现在，死海的自然资源也已受到了青睐，钾，盐和其他工农业原料，正吸引了越来越多的学者与企业家。死海正在生气勃勃，何"死"之有？

　　尽管如此，预言死海将死的还是大有人在。因为严酷的现实仍是湖水在减少，干涸的威胁在扩大，而那乐观的前途仅是建立在地学上的假说——板块理论基础上的。死海的生死存亡，还是很难说。

喀纳斯湖中的"水怪"

在新疆北部的阿勒泰地区，海拔1300余米的高山上，有一个平均水深达120米的淡水湖泊——喀纳斯湖。喀纳斯湖水平似境，清澈深邃，像一颗翡翠镶嵌在崇山峻岭之中。人们都不曾想到这么一个充满祥和气氛的地方，却屡屡发生"水怪"吞吃牲口的事情。

1931年的一天，一位蒙古族牧民去湖边草丰盛处牧马。他将几匹健壮的种马解开缰绳，然后独自干活去了。一个小时过去了，两个小时过去了，马儿还不回来。牧民急了，赶到湖边一看，咦，奇怪！湖边杂乱的马蹄印清晰可见，可马不见了。原先平静的湖面此时却翻滚不止，水面一片通红。"有水怪！"牧民的脑中闪过一个念头，吓得连滚带爬逃了回来。

不久以后，一位以胆大著称的牧民自告奋勇赶到湖边去看"水怪"。不料刚到湖边，就见湖中划过一道红光，闪出一个巨尾大头的怪物。只见怪物尾巴一摆，波浪就跃到几十米高，浪花呼啸着朝他扑来，唬得他身子骨都酥了半边，跌跌撞撞向回逃。

从此以后，出"水怪"的消息不胫而走。附近的牧民再也不敢到湖边牧马放羊，一时间那儿牛羊绝迹，成了寂静的世界。

时间很快到了1980年夏天，新疆水产局的几名工作人员到湖边考察水产资源，他们在沿湖一带发生了牛、羊、马的骨骼，经过仔细研究，发现这些都是某种巨型怪物吞吃以后留下的。

喀纳斯湖畔有"水怪"出没的消息终于引起有关方面的注意。为了探索这个奥秘，新疆大学生物系副教授向礼陔，带领了20多名师生于1985年7月来到喀纳斯湖边进行考察。一天，当向礼陔带领助手来到湖边时，忽然看到1000米开外的湖面上有一团红影在晃动。拿起望远镜一看，嘿！竟是一条鱼形怪物。只见它静静地躺在水面上，头部红得像团火，大嘴一开一合地吐着水雾，巨大的背脊露出水面像一座小岛。

怪物莫非是一条大鱼？向礼陔把自己的想法跟同事一说，大家一致提议先捉住怪物再说。怎么捉呢？用钓钩来钓！于是，他们去县城打造了两只大钩，并买了100余米长的尼龙绳，然后将两条羊腿钩上鱼钩，撒向湖中。于是，一天过去了，两天过去了，怪物仍然没有咬钩。第三天，考察队打了两只野鸭作为诱饵，"水怪"果然出现了，可是，它游到鱼钩附近，看也没看野鸭子一眼就径自拍浪而去。

向礼陔他们又调查了很多湖边居民，从老牧民口中得知，早在60年前就有人从湖中逮到一条巨鱼，那鱼的鱼头大得像巨锅，用17匹马也拉不走它。这巨鱼是不是活跃在湖中的"水怪"？向礼陔不敢肯定。

向礼陔知道，有一种红色的大鱼生活在我国东北和西伯利亚各大河流中，这种鱼就是哲罗鱼。然而，向礼陔知道，哲罗鱼的长度一般不超过2米，重量不超过80千克，怎么会有"水怪"那么大的个子？他百思不得其解。

1986年，中国科学院和新疆有关方面组成了联合考察队，对喀纳斯湖中的"水怪"进行考察。科学家们利用现代化运输工具，终于跟踪到一群又一群"水怪"。人们乘着直升机进行低空盘旋，拍摄到许多照片。经过分析，他们认为活动在喀纳斯湖中的"水怪"不是别的，而是一种巨型鱼类。这种鱼可能是一种大型的哲罗鱼，它是一种凶猛的食肉鱼类，生就一张大嘴，嘴内布满锋利的牙齿。大鱼以水面上的大雁、野鸭或其他鸟类为食，体长可达15米，头宽1.5米，体重达2～3吨。它们的头部有黑斑，背部深褐色，体侧呈紫褐色，腹部现银白色。在繁殖季节，大鱼全身变得像火一样红，因此就有了"红色水怪"的传说。

那么，为什么喀纳斯湖会有大型的哲罗鱼呢？科学家们认为，原先在世界上很多地方都生活着大型哲罗鱼。后来，地壳的变迁使得绝大多数地方的大型哲罗鱼绝灭了，而喀纳斯湖则因为环境比较好，水生生物比较丰富，大鱼就一直保存了下来。

不过，也有一些科学家对此持保留意见。他们认为，在活鱼被捉到以前，一切只能被视作纸上谈兵。他们还认为，哲罗鱼是一回事，大红鱼又是另一回事。把哲罗鱼和大红鱼混为一谈是不明智的。因为在喀纳斯湖中确实生活着哲罗鱼，不过这种哲罗鱼的体型不大。20世纪50年代和1984年夏天，人们曾两次从喀纳斯湖中捕到体重50千克和38千克的哲罗鱼，可巨鱼却比这种哲罗鱼要大得多。难道喀纳斯湖内生活着两种哲罗鱼？

喀纳斯湖内的"水怪"到底是哪一种动物？恐怕光凭分析是很难确定的，只有等活捉到"水怪"，一切才能真相大白。

尼斯湖底巨兽之谜

　　在英国北苏格兰的因沃内斯市，有一个幽美的湖泊，叫尼斯湖。因为这儿经常传来一些消息，说有人见到了一种古怪的"巨兽"，于是这座湖便一下子闻名天下，成为一个热门话题。

　　1933年8月的一天清晨，朝雾还没散去，一个叫格兰特的英国兽医，骑着摩托车沿尼斯湖畔回家。突然，前方出现了一个巨大的怪物。朦胧中，格兰特发现，它活像一头已经灭绝的恐龙。他停下车来，准备好好观察一下这个怪物。然而，它的鼻中哼哼作声，不一会儿就从岸边爬进迷雾笼罩的湖面，消失得无影无踪。

　　几乎在同一时间，到这儿旅行的约翰·麦凯夫妇和修路的工人，也看到了这个神秘的怪兽。它在湖中游弋着，弄得湖水哗哗作响。它那灰黑色的皮肤满是皱纹，十分粗糙，背上有两个驼峰似的东西。有时候，它伸出像蛇一样的细长脖子，刹那间又沉入湖水中。据目击者估计，这个怪兽大约有12～15米长，是人们从未见过的庞大生物。

　　不久，英国《长披风信使报》披露了约翰·麦凯夫妇的奇遇，轰动了英伦三岛！接着，世界各地的许多报刊转载了这一消息。人们破天荒第一次听说，一座湖里居然会生活着人们从未见过的庞大生物。在好奇心的驱使下，记录、旅游者和科学家们如潮水般涌来，都企望亲眼看看这个怪物的尊容。有些科学家干脆住在尼斯湖边，日夜盼望怪兽再次露面，能考察一下这个全新的动物。英国《泰晤士报》等报社专门派出记者、摄影家，还聘请著名的画家赶往这儿，准备向人们报告这个怪兽的具体形象。然而，尼斯湖怪兽却像有意捉弄人似的，除了偶尔在什么地方伸出它的长颈、露一下背脊外，在好长一段时间里一直没有亮相。于是，人们便给这个怪兽取了个好听的名字——尼西，也就是湖中有趣的动物。

　　在最初的尼斯湖探险的人中，有一位英国海军少校哥尔德。他孤身一人来到尼斯湖畔，企图活捉一头"尼西"。可是，他在湖边等待了整整3个星期，却连怪兽的影子也没见到。当地警察厅对这位与水打交道的行家里手，寄予很大的希望，特地拨出4名警官陪同前往，到头来仍一无所获。

其实，第一批发现尼斯湖怪兽的，并不是格兰特和麦凯夫妇。英国最早的一部叙事诗就和这怪兽有关。传说在英国盎格鲁萨克逊时代，有个名叫贝奥武夫的瑞典英雄，杀死了盘踞在不列颠岛上的巨大怪兽和龙，保护了人民，最后英雄也死了。直到现在，这个传说还在斯堪的纳维亚半岛上广泛流传。7世纪末，英国人写成了这部史诗，书名就是以这位英雄的名字命名的。有趣的是，史诗中被杀死的怪兽和龙竟与"尼西"有些相像。

有关尼斯湖怪兽的史料，也有不少。据记载，565年，一位名叫栖鲁姆布司的修道士，曾经用十字架赶走一头从尼斯湖中钻出来作恶的怪物。1328年的一本书里提到，尼斯湖中有一条"长着蛇颈、蛇头的大鱼"。1527年的一份报告说，有一条发怒的巨龙，横扫了岸边的树林，伤了许多人。此后，这个恐怖的怪物似乎安静了不少，直到1880年它又开始兴风作浪。

1880年的金秋时节，游客乘着游艇在尼斯湖上游玩。突然，一阵恶浪袭来，一艘游艇被急浪吞没，艇上的游客全部丧生。当时，有人看到一头细长脖子上长着三角形脑袋的黑色怪兽，像一条巨龙在湖上破浪前进。

同一年间，一个叫肯·麦克唐纳的英国人，潜入尼斯湖底，检查一艘失事船只的残骸。后来，他遇到危险，狂乱地发出了信号。等到人们把他从湖底拖上来时，只见麦克唐纳脸色苍白，全身颤抖，连话也说不出来。几天以后，他才镇静下来，讲出了当时的遭遇：他正要去检查船的龙骨，忽然发现一头巨兽躺在湖底的岩石上。根据他的印象，这头巨兽活像一只巨大的青蛙。

20世纪世纪30年代以来，人们更加频繁地发现了尼斯湖怪兽。1957年，多年居住在尼斯湖边的康·维特夫，在她的《这不是神话》一书中，详细地介绍了117个亲眼见到尼斯湖怪兽的事例。非常有趣的是，在所有的事例中，怪兽的外形都大体相同：巨大的身躯，长长的脖子，尖而小的脑袋。

自从1933年第一次报道尼斯湖怪兽的消息以后，过去人烟稀少的尼斯湖一带，变得热闹起来了。这儿建起了新的湖滨公路，不少勇敢的探险家、科学家远道而来，采用各种手段，包括现代化的实验设备，试图揭开怪兽的"庐山真面目"。

1934年，伦敦来的一位外科医生威尔逊，幸运地遇见了"尼西"。他迅速按动早已准备好的照相机快门，拍下了世界上第一张"尼西"照片。在这张照片中，人们可以看到：在一片耀眼的阳光下，在一圈圈涟漪的中央，有一头长脖子、小脑袋的动物。虽然照片很难说明它就是人们传说中的那个庞然大物，但关心"尼西"的人们还是欣喜若狂、欢呼雀跃。人们探索"尼西"的劲头越来越大，各国考察队也纷纷前来探险。

为了弄清楚尼斯湖里是不是真有怪兽，1955年苏格兰海员俱乐部成员、英国广播公司和英国海军司令部同心协力，对尼斯湖进行了一次大调查。为了这次调查，英国广播公司准备了特别的摄影机和亮度很强的探照灯；海军司令部准备了最新式的雷达；30名深水作业的潜水员也应邀前往。一座公园的园长还许愿说，如果能捕获到活的怪兽，愿出赏金5万英镑。另一位马戏团老板说，愿出3万英镑买下这头怪兽。

然而，人们一直没有得到关于调查结果的任何消息。可事隔5年以后，1960年6月15日，路透社向各报社发表了这样一条消息："很久以前就传说英国苏格兰的尼斯湖里有怪兽出没。6月13日夜晚，英国广播公司电视台播放了那头怪兽正在游泳的照片。但是，照片中怪兽模模糊糊，看不清楚。最初它安静地站立在那里，可是不一会儿就左右摇晃起来，接着又以飞快的速度向远处游去，最后翻起一股白浪钻入湖水中。"

进入70年代以来，人们探索尼斯湖怪兽的热情更加高涨。苏格兰的潜水员一头钻进阴冷的湖底，想要寻找怪物的遗骸。可是，除了积满绿苔的水壶、酒瓶、皮鞋等物品，他什么也没发现。

1971年，美国波士顿应用科学研究院的罗赖恩斯，在水下安置了话筒，一有声响，就自动打开探照灯和摄影机。第二年，他从水下拍到一张巨大的鳍的照片。这张扁平的鳍是菱形的，大约长2米。通过测试和其他照片，可以看出这张鳍正在运动，也许是尼斯湖怪兽的鳍脚。

1975年6月，罗赖恩斯用水下摄影机拍下了尼斯湖怪兽的身体和头部。6月19日黄昏，有个生物接近水下摄影机，在昏暗中隐隐现出一个动物的形体，可惜照片只拍到这动物的一小部分。第二天凌晨4点多，在水深20米左右的地方，闪光灯及时闪了一下，终于得到了人们几十年来望眼欲穿的怪兽的全身照片。从这张照片中，可以看出怪兽的部分躯体，一个细长而优美的脖子，脖子的一部分因阴影而模糊不清，最后是一个斑点，表明它的头部正好奇地转向摄影机。两个鳍脚从脚体上端伸出，犹如一头吃惊地扑向摄影机的怪兽。罗赖恩斯的这些照片引起了全世界广泛的兴趣，甚至连英国议院也讨论了这件事。

1976年，英国组织了40名学者参加的两支考察队，动用了小潜艇，对尼斯湖进行综合考察。这次考察的最大收获是取得了声纳图像。根据这些图像可以肯定，在水下15～17米深处，有体长10～13米的动物在游动。有一次是两只动物在并驾齐驱，一起游动；另一次记录了正在逃跑的小鱼群。古生物学家古·马克汶说："我们再也不能装模作样地认为，关于尼斯湖怪兽的说法都是虚构和神话了。"

1980年以来，美国波士顿应用科学学会每年都组织科学考察队到尼斯湖去。他们使用测视声波定位仪和高速电子摄影机等先进设备寻找怪兽。有趣的是，由不同的探索者，在不同的时间内，用不同的声纳设备，从湖中的庞然大物那里，都得到了大小相同、形状相似的回声反应，而这些回声与小船、鱼类的回声是截然不同的。

1987年10月9日，英国和美国对尼斯湖进行了有史以来最大的一次联合考察活动。这次活动用了160万英镑的费用，在游艇上安装了最先进的声纳仪，足以把相距10厘米的小鱼——显示出来。在考察中，20艘白色的游艇等距离地排成一排，用相同的速度，从湖的一端缓缓驶向另一端，艇上的声纳仪同时打开，在水底形成了一道声纳幕。这次探测行动，就像一把篦子把狭长的尼斯湖来回篦了几遍，湖底的任何动物都无法回避。

结果3天过去了，共发现了3次"巨大的移动物体"。但从电脑处理后的图像看，根本分辨不出这物体究竟是什么。这次行动的总指挥夏因说，这可能是一条很大的鱼或别的什么，无法说明湖中有没有怪兽。博物馆馆长说得更妙："他们没有找什么，并不说明湖中没有怪兽，只不过是怪兽一动不动地睡觉去了。"

令人不可思议的是，世界不少地方也先后发现了湖中怪兽。1969年，有人在尼斯湖东南方的莫拉湖中，看到了一个与"尼西"一样的怪兽。在加拿大的亨加穆克湖中也发现了一个怪物。发现者认为，它根本不是鱼，却很像传说中的"尼西"。但是加拿大军队派出潜水员潜入湖底，竟一无所获。

1978年，在日本又发现了"尼西"的同伙——"伊西"。那是9月3日，在建筑行业工作的川路丰带领全家，到九州最大的池田湖畔去游玩。突然，川路惊叫起来："快看，尼斯湖中一样的怪兽！"随着他的叫声，全家人以及正在湖边的20多人，同时看到湖中有个黑色的巨大动物，它那两个驼峰一样的背脊已露出水面。人们出动汽船前去追赶，但毫无结果。川路丰将看到的情景画成草图，在报纸上大登特登，使不少人激动万分。因为池田湖的"池"字，在日语里的发音是"伊凯"，因而人们把这个湖怪叫"伊西"，表明它可能是"尼西"的同族兄弟。

差不多在同一时间，美国东海岸也发现了怪兽——"切西"。1978年的夏天，异常炎热。也许是因为水中太闷热了，圆背、长颈、小脑袋的怪兽"切西"露出了水面。由于是在切萨皮克湾发现的，人们便给这个怪兽取名为"切西"。

此外，从前苏联、印尼爪哇岛也传来了发现湖怪的消息。奇怪的是，无论是"尼西"，还是"伊西"和"切西"，人们除了偶尔见到它们的形象外，却怎么也捕捉不到它们。发现怪兽的湖，面积都不算太大，但都很深，而且是地质年代久远的湖泊。这些湖怪是不是世代居住的湖中的祖先延续下来的呢？谁也无法回答。

世界上到底有没有尼斯湖怪兽？如果确实存在的话，究竟是什么东西呢？不少科学家根据目击者的叙述和大量水下拍摄的照片认为，怪兽很可能是已经绝灭的海生爬行动物蛇颈龙的后代。蛇颈龙是生活在中生代的一种爬行动物，它像一条大蛇贯穿在一只乌龟的身体里。

也许有人会问，怪兽既然是大型爬行动物，就免不了要蹿出水面呼吸空气，而不可能长期不被发觉。科学家的回答是：它的鼻孔正好在头部的最上方，因而浮出湖面时不容易被人发现；而且湖面上常有跃起的鱼，激起层层水波，所以湖怪到湖面上呼吸空气时没有被发现，是完全可能的。

如果怪兽是真的，而不是神话，那么它们死后葬身在何处？为什么怪兽的尸体不会浮到湖面上来？对于这一问题，科学家作了各种解释。一种说法是，低温和酸性水会阻碍尸体浮起，使它非常自然地下沉湖底。

最近，人们又提出，早些年前拍到的湖怪照片，是经过伪造、拼命加工而成的，这就使尼斯湖怪的存在又打上了一个问号。

总而言之，一直到今天，人们除了尼斯湖怪兽的照片和有关资料外，还没有得到过一点实物证据，包括怪兽的一块骨骼。因而，怪兽是否确实存在，仍是一个谜。

古老的传说和近年来的种种发现交织在一起，使宁静的尼斯湖充满了神话般的色彩。不过，人们相信，只要勇于探索，笼罩在尼斯湖怪兽上的重重面纱一定会被揭开。

奇妙的圆锥形湖泊

在非洲加纳的阿散蒂地区，有一个圆锥形的湖——博苏姆推湖。它的湖面直径有7000米，湖的中心深度70多米，四周向中心陡下，好像用圆锥打出来的一样。它是加纳唯一的内陆湖。

这个景色宜人、秀丽可爱的湖泊，是怎样形成的？人们比较容易想到的是陨石坠地爆炸所致，或者是由于火山喷发留下的一个火山口湖。

就前者来说，在博苏姆推湖的四周，没有发现任何陨石碎片，而且湖岩四周也没有陨石坠地爆炸形成的高出地面几十米的土层（美国著名的巴林甲陨石坑直径才1280米，而坑周围的土层高达40多米）。

对后者而言，地质学家通过对阿散蒂地区调查，并没有发现这一地区在地质史上有过火山活动的记录。

另一种推测认为，博苏姆推湖是人工挖出来的。可是，在直径达7公里的大圆上挖掘而看不出凸边或凹边，几乎是不可能的。

而且，挖掘出几亿立方米土石方造湖又是为什么？没有人能给出满意的答案。

于是，人们又借助想象：是不是外星人为降落到地球上来的飞船，精心地构筑了这个识别标志？

一直到现在，博苏姆推湖的成因依旧是一个谜。

各呈异彩的三色湖

印度尼西亚是世界上最美丽的国家之一，被誉为"赤道上的一串翡翠"。它有迷人的热带风光，有景色如画的旅游胜地。奇特的三色湖，就是远近闻名的旅游景区。

三色湖位于印尼佛罗勒斯岛上克利穆图火山山巅，离该岛首府英德市60公里。三色湖四周群山环抱，叠嶂重峦，林木葱茏，繁花似锦。不远处银色瀑布，从陡崖飞泻而下；蜿蜒的河流，在深山幽谷中淙淙作响，伸向远处的密林。景色清新，令人心旷神怡。

三色湖由三个火山湖组成，彼此相邻，湖水颜色各异。较大的一个，直径约400米，水深达60米，湖水颜色海红；和它相邻的一个呈浅蓝色；还有一个距前二湖较远，水呈乳白色，形同牛乳。三色湖各呈异彩，仿佛天神染就，不能不令人观后称奇。

据《印尼大百科全书》载，三色湖是由于很久以前火山爆发而形成的。这三个湖里含有不同的矿物质：呈红色的含有大量铁矿；呈浅蓝色和乳白色的湖水中含有丰富的硫黄，因此呈现出不同的颜色。

每当中午时分，三色湖湖面上常笼罩着白茫茫的云雾，有如披上白色轻纱，给彩色湖水蒙上一层神秘，显得更加美丽。可是，一到下午，湖面上经常乌云密布，劲风从三色湖吹起刺鼻的硫磺气味，令人掩鼻扫兴，仿佛这里换了一个世界。

壮美的火山湖

在美国的俄勒冈州，在海拔1英里高的瀑布岭顶端有一个美国著名的火山湖。

火山湖的前身是1200英尺高的马扎马山峰，火山爆发炸碎了山石，留下了一个4000英尺深的火山口，雨水和积雪逐渐汇成了今天的火山湖。

湖呈圆形，周长15英里，湖水深度经常保持在1932英尺左右，是世界上最深的湖泊之一。

马扎马山峰在地质上已是能量耗尽的死火山了，然而它却给人留下了一个美丽、宁静而又十分壮观的火山湖。

深沉清冽的湖水在阳光下熠熠闪光，四周岸岩参差突兀，更覆以皑皑白雪，显得格外悦目。微风吹起，拂皱一湖碧水，山光湖影，令人神往。

人们试图在湖中养鱼，终因湖水过清不能生长，水藻成了湖中仅存的天然生物。

充满神秘色彩的"鬼湖"

在祖国宝岛台湾省，台东、屏东两县海拔2000米交界处的崇山峻岭间，坐落着一个充满神秘色彩的"鬼湖"。

鬼湖是台湾最大的高山湖泊之一。古木参天的绿色原始森林掩映着碧蓝的湖面，好一派湖光山色。它长约800米，宽约150米，最深处可达1500米，湖水终年不涸。

鬼湖，当地人又叫它"巴油地"或"云雨湖"。它的神秘色彩，与两个民间传说有关。一个传说讲的是鬼湖对岸的森林、地形和气候非常奇怪，倘若有人涉足此林，浓雾就在那里升起，几尺之外分不清人。另一个传说讲的是游人到鬼湖后，往往说一句话，便见云雾从山林中翻滚而来，把湖区都笼罩住了，此时方向难辨。

其实，这是东西两股气流相遇积聚于鬼湖一带而造成的自然现象。那里空气异常湿润，达饱和状态，因此，常常是雾气茫茫，淫雨霏霏。

◎ 湖与生灵 ◎

　　无论是湖面、湖底还是湖边陆地，湖养育
了无数的生命。

　　无论是水中生物、陆上生物，还是天上飞
的鸟类，都离不开水；湖同江河海洋一样，是
生灵的母亲，保护湖泊就是保护生命……

我国的天鹅湖

并非只有外国有天鹅湖，在我们国家，也有不少天鹅湖，其中最著名的要算是位于乌鲁木齐市西南方的巴音布鲁克草原上的天鹅湖。

准确地说，这里的天鹅湖其实不是湖，而是由河流、湖泊、沼泽、涌泉共同组成。它在地理上的名称是"尤尔都斯盆地"，虽称盆地，但海拔高达2千多米。由于这一带是天鹅的主要繁殖地，故而统称为"天鹅湖"。

那么，天鹅为什么喜欢在这里繁殖呢？这可以从"天时、地利、人和"三个方面去论述。

首先，天鹅一般繁殖在北方高纬度地带。巴音布鲁克虽然纬度不高，但由于特殊的盆地地形，气候明显低于同纬度地区。

其次，这一带地域广阔，充满了丰富的水源和植物。"巴音布鲁克"在蒙语里的意思就是"富饶的水源"。这里大小河流数十条，河道蜿蜒曲折。由于水源丰富，从而为湖沼的发育创造了良好条件，有利于天鹅的栖息。

"人和"是最重要的原因。这一带由于气候寒冷，故而人烟稀少，天鹅很少遭到人为残杀；另外，这里的牧民有爱鸟传统，对于美丽、高雅的天鹅，他们视作"美丽的天使、吉祥的征兆、忠诚的象征"，客观上很好地保护了天鹅。

除了巴音布鲁克天鹅湖外，我国还有泉湾天鹅湖。泉湾位于著名的青海湖鸟岛西南方，每年冬天，青海湖百里冰封，泉湾却泉水淙淙，因而吸引了大批天鹅来此越冬。

另外，在号称"世界屋脊"的帕米尔高原上，也有一个天鹅湖，湖上有一个天鹅岛，每年有大批天鹅来此繁殖度夏。

日内瓦天鹅湖——莱蒙湖

世界各国有不少天鹅湖，瑞士首都日内瓦也有一个天鹅湖。生活在这里的天鹅比在其他任何一个天鹅湖的天鹅都幸福。

日内瓦的天鹅湖真名叫"莱蒙湖"（又名"日内瓦湖"），湖的面积有582平方公里。大约有5千多只天鹅生活在这里，因而它被称为"天鹅湖"。

从第一次世界大战开始，瑞士就是中立国，他们向往和平，不介入战争。生活在和平之中的天鹅，自然很有安全感。

崇尚和平的瑞士人对动物一样充满爱心，他们视动物为朋友，从不伤害它们。在那里，所有的鸟类受法律保护，严禁任何人滥捕滥杀。

为了保护天鹅这种珍稀动物，日内瓦人更是煞费苦心。每当冬季来临，天鹅湖周围就会有大量宣传画、宣传标语出现，这些宣传单提醒市民和外来游客"不要忘记帮助天鹅筑窝，不要忘记给天鹅送食料"！

不久，就有市民给天鹅送去筑巢用的干草、树枝、泡沫塑料，还给它们送去面包、牛奶等食物，以此让它们顺利过冬。

遇到有天鹅生病，立即就会有人将它们送往医院救治。病愈后，它们又被送回天鹅湖。

在人们的呵护下，莱蒙湖的天鹅生活得轻松自在，不必整日提心吊胆、战战兢兢。现在，它们再不用南北往来迁徙了，而是安心地一年四季都呆在莱蒙湖中。

黑颈鹤的天堂——草海

　　初春的贵州高原，冰雪尚未消融，在咸宁县城西南的草海边登高远望，湖光山色，尽收眼底。但见鹤群翱翔在草海上空，鹤鸣之声，数里之外清晰可闻。鹤群带迤逦千余米，竞相飞舞，别是一番壮观景象。转眼间又纷纷盘旋而下，散落在草海边的沼泽里。有的溅着浅水觅食鱼虾蚧壳；有的在草丛中寻找块根、嫩茎；有的在水中兀立，伸颈张望；有的用嘴梳理羽毛，或单脚落地，亭亭玉立，给人以娴静的美感；也有的在湖边与放牧的猪、羊嬉戏，婀娜多姿，活泼健美。草海因为有了它们，更加显得春意盎然，生机勃勃。

　　每年秋天，黑颈鹤带着幼小的"子女"，十几只结成一群，排成"一"字形、"V"字形或"人"字形的整齐队伍，飞越千山万水，落脚在气候温和的西藏南部、云南、四川西南部和贵州西北部的沼泽中，翌年3月才又北返。

　　贵州省咸宁县的草海由于自然条件优越，又有丰富的食物，所以每年来越冬的黑颈鹤数量之多，是其他地区无法相比的。此外，这里还有上千只的灰鹤和多种雁、鸭越冬。

　　草海是一个古老的高原淡水湖泊，湖底海拔高2170米，最大水深5米。水清见底，游鱼可数，水禽倒影，历历如画。湖中水草一望无际，故称"草海"。草海四周群山环抱，山上翠绿的苍松与湖水相映成趣，又有"松波湖"的美名，被誉为"高原明珠"。

　　然而，这颗高原明珠却几经沧桑而差点消失了。早在20世纪50年代末，因周围山上的林木被大量砍伐，造成严重的水土流失，淤填了草海。

　　后来，草海更是遭到了浩劫，在"开渠排水、疏干草海、涸出耕地"的错误思想指导下，1970年又进行了彻底排水，将全部湖盆涸为耕地。先后动用了150余万个劳动力，耗资130余万元，用了两个冬春，挖了长达13

公里多的排水渠，终于在1972年将湖水全部放干，镶嵌在黔西北高原上的这颗明珠从而湮灭了。

草海放干后，繁茂的水草不见了。几十种维管束植物虽有少量残存，但生态效能和经济利用价值都不大，鱼虾也渺无踪迹，年产30万斤的"威宁细鱼"不复存在，仅此一项损失，就远远超过了涸耕农作物的收入。由于生态环境的恶化，来此越冬的水禽寥寥无几，珍贵的黑颈鹤也从此失踪了。

80年代初，人们认识到草海消失后带来的恶果，和非按客观自然规律治理草海不可的必要性。贵州省人民政府制订了"关于恢复草海部分水面，维持湖滨部分耕地，实行农、林、牧、副、渔全面发展草海"的方案。经过周围山上植树造林，水利施工，于1982年夏正式蓄水，现湖面已达25平方公里。入冬成群结队的候鸟，从异国它乡远道而来，到这个食物丰富、自然条件优越的环境度过冬天。几十种水鸟，数以十万计，把平静的草海，装扮得热闹非凡。

更可喜的是黑颈鹤也回来了，而且数量越来越多，由1975年的35只增加到1984年春的305只。这是当时所知黑颈鹤越冬地的最大种群。鹤类是湿地生态系统最敏感的标志，草海因黑颈鹤的光临而身价百倍。为了研究草海的生物资源，贵州科学院已在草海边建立了生态站。林业部门为了加强鸟类的保护，筹建了以保护黑颈鹤为主的草海鸟类自然保护区。

向海里的丹顶鹤

在我国吉林省西北部通榆县境内，有一座被国外学者誉为"得天独厚、绝无仅有"的自然保护区——向海自然保护区。向海是沼泽湖，那里是野生动物，特别是珍稀水禽的家园。

丹顶鹤并非终年生活在扎龙、向海等自然保护区，每年10月下旬至11月下旬，这些身材修长的鸟会携儿带女、成群结队地向南方飞去，在那里度过严冬。等到第二年3月下旬至4月上旬，它们又会返回北方，寻找故地。按照惯例，丹顶鹤回到北方后首先要举行结婚周年纪念活动。这时，它们好像一对对初恋的情侣那样，引吭高歌，婆娑起舞，然后再度生儿育女。丹顶鹤不只在举行婚礼时翩翩起舞，它们特别高兴时也会载歌载舞，尽情欢乐一番。一对老鹤与幼鹤在觅食散步时，居然也放声歌唱，舞姿翩翩。

丹顶鹤有非常严格的婚配制度，它们实行"一夫一妻制"，从不乱配。一旦结成夫妻，只要双方都还活着，就会相互体贴、照顾，永不分离。在它们的家庭中"男女"是平等的，共同负担筑巢、孵卵和育雏等繁重的"家务劳动"。

这个自然保护区里既有野生的鹤，也有半野生半家养的鹤。有一只白枕鹤，说它野生，冬天它不南迁越冬；说它家养，它又不进舍关养，而是早出村庄晚归来。人们给它取了一个绰号叫"氓流"。

据保护区同志的介绍，它是当地老乡将芦苇丛中捡到的一只鹤蛋，放在坑沿上孵化养大的。这个"氓流"能认人，对主人有感情。有时它见到主人从远处回来，会迎上前去欢蹦乱跳，引颈拍翅，一会儿前进，一会儿后退，跳起舞来以示亲热。

可是见到陌生人，它就不那么客气了，初次接近它的人，还得提防它用嘴啄你呢。它每天都会向主人要吃的，有时主人不在家，它就会走东家，跑西家，只要见到有吃的人家，便毫不客气地闯进去，狼吞虎咽地吃饱就走。有时人家饭菜放在桌子上，自己还未用餐，它就跑进去堂而皇之地先品尝起来，弄得人们哭笑不得。因为它是国家珍贵保护鸟类，人们尽管怒气冲冲，却不能打它，只好骂它"氓流"。

这个"氓流"见到考察团的人时，不知是因为陌生呢，还是因见到远方来客而感到高兴，只见它引吭高歌，连续叫了几声。主人幽默地说，"氓流"还很懂礼貌呢，见到你们来，它在用歌声表示欢迎。

这个"氓流"，引起了考察者的极大兴趣。每天秋冬季节，白枕鹤和它的祖先都要远走高飞，不远千里到南方避寒，到第二年的早春三月再返回北方生儿育女。可是这只在人工孵化条件下长大的白枕鹤，却完全忘记了原来南迁越冬的习惯。从中人们可以得到一个启示：原来的野生动物，只要从幼体开始饲养驯化，就可以逐步改变原来的习性，使之成为家养动物。这对于挽救濒于灭绝的动物，也很有意义。

千岛湖上的猴岛

比美国1939年在波多黎各岛创立的圣地亚哥猕猴养殖场还大四分之一的千岛湖猴岛，1987年5月降生了第一代11只婴猴，宣告了中国华东半自然饲养繁殖猕猴的成功。

由上海生理所和千岛湖林场合作，放养首批40只（内有6只雄性）广西猕猴上岛，给沉睡已久的云蒙岛带来了生机，"孙悟空"开始"大闹天宫"了。它们很快便从10个放养点会聚起来。"不打不相识"，6只雄猴一见面就展开了"王位"争夺战。从早到晚，猴岛的厮咬声不断，它们从岛的东边打到西边，从岛的顶端打到湖边……猴子夺"王位"的争斗是不可免的。这是猴群落对雄性体能智力素质的自然检验。

经过一个多月的大小无数次较量，"智勇双全"的141号雄猴夺得"宝座"，成了大岛上的发号施令者。195号雄猴在争斗中失败了，左颊被咬出一个二分硬币大的洞。它不甘失败，仍然留居大岛，等待时机，企图东山再起；127号和204号雄猴败得更惨，连195号也斗不过，只好各自带着为数甚少的"残兵败将"，冒险投入冰冷的湖水泅渡到周围小岛上"落户"，以求生存。

猴子的世界并非人们想象那样自由。猴群落一旦形成，就难以改变。统治者——猴王和次统治者——通常是猴王最宠爱的"王后"，会严格支配着被统治者。猴群落内个体的等级制度是以线性排列的（如群落有A、B、C、D四只猴，就A>B>C>D）。地位低下的猴子，很少能得到好东西吃，而猴群冒险的事，往往要它们去干。最末位的猴子，常常难以填饱肚皮。它们一旦起来反抗，下场是严惩，甚至被置于死地。

1988年1月19日，饲养员小吴上猴岛，忽然发现195号猴从顶端茂密的树林，连滚带爬地往他身边逃来。平时它性情暴烈，高傲不可一世，也从不与人接近；当受到危及生命的攻击时，它晓得人能帮助它脱险，于是死

159

命逃过来。小吴发现它前肢被咬断一指、骨折两指，右脸被撕咬出10厘米长的大裂口，后半身被咬伤势严重，脊骨跌伤而瘫痪。

小吴马上将它抱回县城抢救，终因伤重而惨死。看来它是受到141号的优势群的集体追捕（这是猴社会最猛烈的攻击行为）而造成的。

科学家还发现一件有趣的事：195号雄猴惨死后，属于它这个家族的7只雌猴，对141号猴王似乎怀有"深仇大恨"而紧紧团结在一起，集体不与它来往，至今无一怀胎生仔。这与我们建猴岛，繁殖科研用猴显然是相违背的。科学家们正在研究和解决这个问题。

有趣的是，在第一次争夺"王位"时，被141号斗败的127号雄猴，带着2号雄猴和4只雌猴冒险下湖，逃往北岛"定居"，并生下3只小猴。"和平环境"使2号雄猴萌发了当"王"的野心，于是搞"宫廷政变"，奋起抢夺127号"王位宝座"，结果"政变"成功，如今北岛是2号雄猴的天下。127号失败的原因是没有野外斗争的经验，它出生于铁笼内、成长于铁笼中。2号原居深山老林，鬼点子多。但据分析，127号的体、智都比2号强，随着127号野外斗争经验的丰富，很可能东山再起。

初夏的千岛湖湖面，一片风平浪静，一群群绿色屏风似的小岛在湖中的倒影，显得十分迷人，可是绿屏风后却是不平静的。猴群落中的争斗，将随着猴群的发展，不断地持续下去。

我国的人工鳄鱼湖

1979年，安徽省林业厅在皖南宣城县，建立了扬子鳄养殖场。1983年，国家拨款156万元，将它扩建为扬子鳄研究中心，即鳄鱼湖。

该中心占地近1平方公里，分为行政、生活和养殖区。这里景色迷人，环境幽静。共修有3个供水区，1个繁殖区，1个放养成年鳄的人工湖，10个分年养殖池和1座幼鳄孵化饲养系统。

现在，养殖区内饲养着将近1100条各种年龄的扬子鳄。研究中心的科技人员，在安徽师范大学生物系的配合下，经过多年的努力，终于使各种人工繁殖扬子鳄的技术，都获得试验的成功。其中，一些主要技术已达到国际先进水平。

目前，这个中心每年可繁殖出几百条幼鳄，从而使扬子鳄摆脱了濒危的境地。

由于我国政府对保护扬子鳄工作的重视，不仅在其人工繁殖饲养方面，取得了一定的成绩，同时在对其进行生物学方面的研究，也取得了突破性进展。

水鸟之乡——兴凯湖

兴凯湖又称新开湖。位于黑龙江省密山县东南方边境，是我国与俄罗斯的界湖。

兴凯湖是一个大型平地湖泊。湖身呈椭圆形，上宽下窄，由北向南延伸，是东亚大湖之一。清咸丰十年，即1860年的中俄《北京条约》，割东海滨之地给沙俄，东自松阿察河口，西至白棱河口，划湖心为界，于是全湖约三分之一在我国境内，三分之二在沙俄境内。

兴凯湖的大小仅次于青海湖，而远远超过全国第一大淡水湖鄱阳湖。湖面海拔68米，最深处达10米。入湖之水有9条，湖的东北向开口，曲折北流为松阿察河，注入乌苏里江。原先，兴凯湖的东北向溢口处地势低平，淤积严重。新中国成立后，在此新建了一座规模宏大的现代化泻洪闸，使这一带淤泥情况大为改观。

兴凯湖的环湖地形是：东南岸多淤湿地，西岸岗丘起伏，西北岸耸峙着完达山，北岸沙岗绵亘，林木森然。这种地形特点和兴凯湖的成因以及变迁史有着密切的关系。

兴凯湖是一个巨大的构造断陷湖。早在第三纪以前，周围地区已在历次构造运动中形成了东北—西南走向的太平岭、老爷岭、完达山、俄罗斯境内的锡霍特山脉等褶皱断块山地及其间的盆地。到第三纪末的时候，在喜马拉雅运动的影响下，周围山地断块上升，而其中部则大规模陷落，使原来的盆地扩大加深，形成了古兴凯湖盆。古湖盆的面积很大，到了第四纪后期，由于地盘的下陷逐渐减缓或停止，甚至局部上升，使古湖盆大大缩小，从而构成现代兴凯湖的雏型。

兴凯湖是当地巨大的蓄水库，具有蓄洪、养殖及调节地方气候等功能。在睦邻关系中，它又成为沿湖人民友好交往的桥梁。兴凯湖在自然资源保护方面有重要意义，是北方水鸟的栖息和繁殖地。

兴凯湖水域辽阔，适于鱼类生长。每当解冻期，鱼群由乌苏里江经松阿察河逆流而上，游入此湖。湖中鱼类资源丰富，大约共有30多个品种。其中鲢花、鳌花、鲫鱼等都很著名。而翘嘴红鲅尤为上乘，俗称兴凯大白鱼，是我国四大名鱼之一。

兴凯湖水阔天高，浩瀚如海，具有特殊的风光魅力。岸边的沙滩像一条金黄色的锦缎，是优良的天然游泳场。每当夏日，常有人来此游泳和观赏湖景。这里的天空、浪花、水鸟、树木、沙石都还保留着质朴、粗犷、浪漫的气质，对于爱慕大自然、追求自然美的人来说，确是一处理想的旅游胜地。

兴凯湖四周的平原是新开发区，东北面辟有兴凯湖农场，这里土质肥沃，水渠交织，是国内有名的商品粮基地之一。当地人民的不断开发、建设，正使它变成富饶之地、鱼米之乡。

贝加尔湖的生态环境

　　贝加尔湖是亚欧大陆最大的淡水湖，也是世界上最深和蓄水量最大的湖。

　　贝加尔湖的周围，有色楞格河等大大小小336条河流，千百万年来源源不断地流入湖中，而从湖中流出的河流，仅有一条安加拉河，向北流去，奔向叶尼塞河。湖中有岛屿27个，最大的是奥利洪达岛，面积约730平方公里。湖水结冰期长约5个多月。湖滨夏季气温比周围地区低，相对湿度较高，具有海洋性气候特征。湖水澄澈清冽，且稳定，透明度40.8米，为世界第二。

　　贝加尔湖虽然处于干燥寒冷的亚欧大陆中部，但因受巨大水体的调节和地热异常的影响，湖区气候与同纬度周围地区相比有所不同。这里光照很充足，湖区北端的平均年日照时间为2000小时，而同纬度立陶宛地区仅为1830小时，加之贝加尔湖水体吸收太阳辐射的能力大，达到60卡／平方厘米，所以湖区昼夜温差小，年内季节温差也小，冬暖夏凉。最热月、最冷月、结冰期、化冰期都比周围地区推迟一个月。

　　贝加尔湖中有许多生物，并非是一般湖泊所有的，如海豹、海螺、海绵、龙虾等等，均为地地道道的海生生物。这样，似乎又可以说，现在的贝加尔湖原为古海的一个遗迹，属于"海迹湖"。或者是湖周的地壳隆升把这个残海包围，保留了古海生物，或者是古代分裂的大陆正准备在这儿关闭，而留了一道带有海洋生物海沟。究竟哪种说法可靠，有待科学家继续考察、研究。

　　贝加尔湖周围群山环抱，溪涧错落，原始林带苍翠，风景奇丽。它有许多美丽的地方，但又令人难以说出哪儿最美。在东岸，奇维尔奎湾像王冠上珍贵的钻石一样绚丽夺目。从湖的一侧驶向奇维尔奎湾，可以看到许多覆盖着稀少树木的小岛，它们像卫兵似的保卫着湖湾的安全，湾里的水并不深，夏天在克鲁塔亚港湾还可以游泳。在西岸，佩先纳亚港湾似马掌一样钉在深灰色岩群之中，两侧矗立着大大小小的悬崖峭壁。这里是疗养的绝好之处。湖水出口处，有称谢曼斯基的巨大圆石，兀立中流，离两岸各约500米。当河水泛滥淹没圆石时，圆石宛如滚动之状。

湖畔辽阔的林地中有一种高跷树，被称之为贝加尔湖自然奇观之一。这些树和落叶松的根从地面升起，在树根下成年人可以自由通过。它们生长在沙土的山坡上，大风从树根下刮走了土壤，而树根为了使树生存下去越来越深地扎入贫瘠的土壤中。林地中还栖息着黑貂、松鼠、鼬、驯鹿、麝、大驼鹿、熊、猞猁、水獭等多种动物。

贝加尔湖的湖水清澈透明，透过水面像透过空气一样，一切历历在目。温柔碧绿的水色令人赏心悦目。岸上群山连绵，森林覆盖。

贝加尔湖地区阳光充沛，雨量稀少，冬暖夏凉，有矿泉300多处，是俄罗斯东部地区最大的疗养中心和旅游胜地。

贝加尔湖渔业资源丰富，素有富湖之称。湖中有水生动物1800多种，其中1200多种为特有品种，如凹目白鲑、奥木尔鱼等。52种鱼类，一半属刺鳍鱼科。湖中还生活着贝加尔海豹，即北欧海豹，这种海豹的皮色泽美丽，质地优良。传说贝加尔湖与北冰洋之间，曾有一条地下河，海豹就是沿这条河游来的。但是，现代地质学肯定地证明，过去和现在，这里从未有过秘密的地下通道。北欧海豹究竟是怎样来到贝加尔湖定居的，迄今仍是个谜。

北极熊栖息地——大熊湖

大熊湖是北极熊的栖息地，位于加拿大西北部，北极圈在其北部通过。它是加拿大第一大湖，北美洲第四大湖。

18世纪末西北公司商人到此，1799年在湖岸地区建立贸易站。1825年英国人约翰·富兰克林来此探险，因湖区栖息众多的北极熊而命名。

大熊湖原系构造洼地，经第四纪冰川挖蚀而成。深受切割，湖岸陡立，湖形奇特，长约320公里，宽40～176公里，面积31328平方公里。湖面海拔156米。湖水清澈，平均深度137米，最大深度413米。长110公里的大熊河从湖西端流出，注入马更些河。10月至次年6月为结冰期，浮冰延续至7月末。8～9月可通航。

湖内产白鱼、湖鳟等。20世纪初东岸地区发现沥青铀矿，1930年开始开采，从矿砂中提炼镭、铀，并有银、铜、钴、铅等。埃科贝为采矿中心，物产特别丰富。

参 考 书 目

《科学家谈二十一世纪》，上海少年儿童出版社，1959年版。

《论地震》，地质出版社，1977年版。

《地球的故事》，上海教育出版社，1982年版。

《博物记趣》，学林出版社，1985年版。

《植物之谜》，文汇出版社，1988年版。

《气候探奇》，上海教育出版社，1989年版。

《亚洲腹地探险11年》，新疆人民出版社，1992年版。

《中国名湖》，文汇出版社，1993年版。

《大自然情思》，海峡文艺出版社，1994年版。

《自然美景随笔》，湖北人民出版社，1994年版。

《世界名水》，长春出版社，1995年版。

《名家笔下的草木虫鱼》，中国国际广播出版社，1995年版。

《名家笔下的风花雪月》，中国国际广播出版社，1995年版。

《中国的自然保护区》，商务印书馆，1995年版。

《沙埋和阗废墟记》，新疆美术摄影出版社，1994年版。

《SOS——地球在呼喊》，中国华侨出版社，1995年版。

《中国的海洋》，商务印书馆，1995年版。

《动物趣话》，东方出版中心，1996年版。

《生态智慧论》，中国社会科学出版社，1996年版。

《万物和谐地球村》，上海科学普及出版社，1996年版。

《濒临失衡的地球》，中央编译出版社，1997年版。

《环境的思想》，中央编译出版社，1997年版。

《绿色经典文库》，吉林人民出版社，1997年版。

《诊断地球》，花城出版社，1997年版。

《罗布泊探秘》，新疆人民出版社，1997年版。

《生态与农业》，浙江教育出版社，1997年版。

《地球的昨天》，海燕出版社，1997年版。

《未来的生存空间》，上海三联书店，1998年版。

《宇宙波澜》，三联书店，1998年版。

《剑桥文丛》，江苏人民出版社，1998年版。

《穿过地平线》，百花文艺出版社，1998年版。

《看风云舒卷》，百花文艺出版社，1998年版。

《达尔文环球旅行记》，黑龙江人民出版社，1998年版。